關於失去、愛與生命的本質，踏上追尋人生意義的解答之旅

為什麼魚不存在

WHY FISH DON'T EXIST

A Story of Loss, Love, and the Hidden Order of Life

Lulu Miller

露露·米勒——著　閻蕙群——譯

老爸，這本書獻給你

目錄

目錄

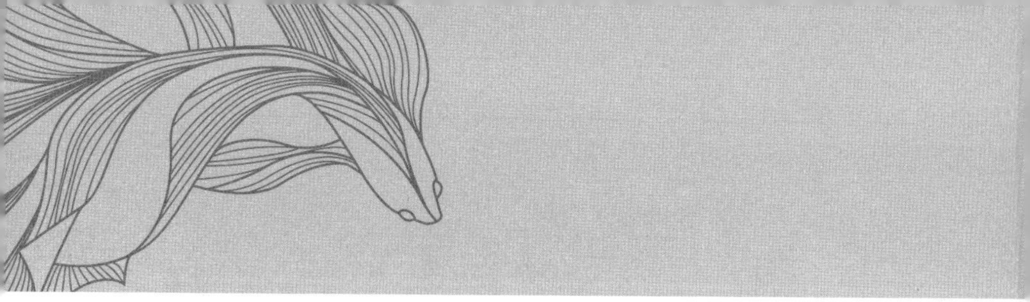

好評推薦

「如何存在又不存在，都透過分類與命名。作者露露・米勒書寫如同GOAT（Greatest of All Time）的生物學家大衛・喬丹，如何完美又如何瑕疵。這是一本寫讀他人、魚及其他生物的書，不斷令人反身自己為何存在的答問歷程。」

——林楷倫，《偽魚販指南》作者

「米勒一度潛入海裡，悠遊於魚群中……當她浮出水面換氣，發現自己墜入愛河了。我感到她的書把我帶到了從未想像過的奇怪深度，我被迷住了。」

——《紐約時報書評》（*The New York Times Review*）

「非常好看的傑作，米勒編織的故事如此誘人，讓我一口氣讀完整本書。」

「幾年前，露露．米勒掉入一個非常奇怪的兔子洞，把她帶到一個誰都料想不到的地方。我強烈推薦各位跟著她到洞裡一遊，不僅因為她是個極有才華的作家和說故事高手，同時也因為其中別有洞天：愛情、混亂、毒藥、槍、危險的妄想、了不起的蒲公英、一頭牛、一個浮潛面罩，還將揭開一個驚人的真相……本書真的非常完美，它既詩意又博學，既私人又政治，既渺小又巨大，既古怪又深刻。」

——瑪麗．羅曲（Mary Roach），《不過是具屍體》（*Stiff*）作者

「好看到不行。」

——《華爾街日報》（*The Wall Street Journal*）

「一本情節跌宕起伏、扣人心弦的神作。」

——《歐普拉雜誌》（*O, The Oprah Magazine*）

——《園藝與槍》雜誌（*Garden and Gun*）

「我想落腳在本書的所在地：那個彙集了歷史、生物學、奇蹟、失敗及人類固執的地方，領略那華麗、驚奇且黑暗的喜悅。」

——卡門·瑪莉亞·瑪卡多（Carmen Maria Machado），
《眾女相》（*Her Body and Other Parts*）作者

「這是一次偉大的逃離……也是對於如何挺過風暴考驗的深刻省思。」

——《戶外》雜誌（*Outside*）

「匠心獨具的作品……最初看似向一位百折不撓的科學家致敬，後來卻變成一則哲學故事，呈現出井然有序的敘述之局限性，以及剛愎自用的危險性。」

——《夜明》雜誌（*Undark*）

「扣人心弦、出人意表，甚至令人震驚！作者先是對傑出生物學家大衛·斯塔爾·喬丹的一生做了引人入勝的描述，隨後卻引出一連串令人意想不到的豐富內容。露露・米勒以親切又古怪的口吻，娓娓道出一個關於科學與奮鬥、心碎與混亂的故事。這本書將俘獲你的心，抓住你的想像力，打破你的成見，震撼你的世界。」

——賽・蒙哥馬利（Sy Montgomery），《章魚的內心世界》（*The Soul of an Octopus*）作者

「令人驚嘆、精采絕倫，根本無法用三言兩語交代……只能說，我非常喜歡這本書！」

——約翰・葛林（John Green），《尋找無限的盡頭》（*Turtles All the Way Down*）作者

「絕妙佳作。」

——《全國書評》（*The National Book Review*）

「露露・米勒在報導與沉思、大問題與小時光之間優雅地遊走。這是本匯集了科學、肖像畫和回憶錄的奇妙作品，讀來十分愉快。」

——蘇珊・奧良（Susan Orlean），
《圖書館裡的人生百態》（*The Library Book*）作者

「這是一本關於失去所愛與找到真愛的書，也是一本探討信仰能支持我們、但也可能毒害我們的書。作者敞開心扉說故事，每一頁都用無比的活力和好奇心去描述微妙的細節。我喜歡這本書，不單是因為它充滿驚奇，還因為它對此提出質疑——因為相信在審問的另一面，有更深刻、更特殊的魅力在等待著我們。」

——萊絲莉・賈梅森（Leslie Jamison），
《同理心測試》（*The Empathy Exams*）作者

「我喜歡這本書的深刻和機智，喜歡書中的黑暗時刻與狂喜的時刻，我還喜歡作者奇特的文學魅力。此外，我認為作者很可能破解了生命的祕密——我是說真的。」

——喬恩・莫艾倫（Jon Mooallem），

「這是一趟狂野的旅程……顛覆了我們對魚類（和人類）的認知。」

——Slate 雜誌

《浴火重生的城市》（*This Is Chance!*）作者

「作者從第一頁開始，逐步堆疊出一個人乃至於整個美國的故事與個人哲學，雖說講的大概是這些事，但其實不止這樣，作者是如此地娓娓道來，以至於看到最後幾頁，我發現自己竟淚流滿面。就跟她的廣播故事一樣，露露．米勒看似不費吹灰之力地一路向前，最後一拳把你打醒。本書是生之奧祕的一個美麗提醒。」

——喬納森．戈德斯坦（Jonathan Goldstein），

播客節目《重量級》（*Heavyweight*）製作人

「一本引人入勝且獨一無二的佳作。」

——女性時尚平台 Refinery29

「這是一本醍醐灌頂的必讀好書。」

——賈德・阿班拉德（Jad Abumrad），播客節目《電台實驗室》（*Radiolab*）創辦人

「本書的每一章都配有一幅原創的精緻插圖，每一張都十分迷人，帶有一種異世界甚至是駭人的特質。它們給本書增添了一絲古色古香的氣息，彷彿讀者手中拿的是一本十九世紀的科普讀物或《聖經》……內容引人入勝且極具啟發性。」

——《華盛頓獨立書評》（*Washington Independent Review of Books*）

「可愛且神祕，總是在顧左右而言他，最棒的書都是這樣。」

——《獵戶座》雜誌（*Orion*）

「引人入勝，發人深省，露露・米勒充分展現其風格和智慧。」

——《芝加哥書評》（*Chicago Review of Books*）

「這是我在過去一年裡，向別人推薦過最多次的一本書。」

——阿里・夏皮洛（Ari Shapiro），全國廣播電台《萬事皆曉》（*All Things Considered*）節目主持人

「我非常非常喜歡露露的書，部分原因是它實在太怪了。」

——約翰・莫伊（John Moe），《憂鬱症的熱鬧世界》（*The Hilarious World of Depression*）作者

「巧妙……令人嘖嘖稱奇的一本書。」

——《科克斯書評》（*Kirkus Reviews*）

「這本薄薄的作品揭發了一樁引人入勝的謀殺懸案，還從哲學角度闡述了人類在混亂中創造秩序的傾向。」

——《圖書館期刊》（*Library Journal*）

「深刻……扣人心弦，保證讀完後仍回味不已。」

——《美國圖書館協會書評》（*Booklist*）星級好評

「令人大開眼界的自然讀物，肯定能讓讀者以一種全新的方式看待世界。」

——「唯書是從」（*Book Riot*）網站

「這是一本融合了傳記、科學、哲學和自我省思的動人作品，且與別具巧思的書名一樣充滿了驚喜。」

——強納森・巴爾科比（Jonathan Balcombe），《魚，什麼都知道》（*What a Fish Knows*）作者

「非凡之作……露露・米勒給我們上了一堂振奮人心的課——任誰都躲不了混亂，但人類的頑強不屈可戰勝之。」

——《洛杉磯時報》（*Los Angeles Times*）

「這個令人目眩神迷的科學故事……成了一個透鏡，讓我們認清了被廣泛接受的二元論其實是人工製品，而非自然的基本定律。作者並在此架構下敘述了一個充滿溫情的個人故事，本書既是沉思錄也是回憶錄——是告別其處世家訓的一篇輓歌，也是盤點她在探索自己的過程中，走過了多少危險冤枉路的一張清單，更是獻給天賜避風港的一封情書。」

——瑪莉亞．波波瓦（Maria Popova），「腦洞大開」（Brain Pickings）書摘網站撰稿人

推薦序

突破框架，用開放的心胸探索世界

——方力行，國立海洋生物博物館創館館長、中山大學榮譽講座教授

《為什麼魚不存在》不是科普書籍，在情節上它更像一部推理小說，內容峰迴路轉，詭譎離奇；取材上它混用了科學來詮釋哲學，以反映作者想表達的時代價值變遷和個人體悟；而在著作的本質上，它其實是一本「與眾不同」的書，值得也更需要，讀者用智慧、寬廣、仁慈的心去細細地穿透和品味。

「魚存不存在？」這個論證的判定遠超過書中所引用「支序分類」學派推演的結果。在物種分類方法學上，形質分類、支序分類（數值分類）、蛋白質結構分類（同功異構酶）、基因組成分類（粒腺體、核醣體、功能基因組合……），都會得到不同的結果，甚至連什麼是「物種」也眾說紛紜，更別說要在演化樹上抹煞一個

「類群」的存在。所以，作者用單一分析的推論來說明「科學思考需要心胸開放」，個人要「勇於接受新思想」的人生觀都是好事，但不宜因此就真的認定「魚存不存在」，**既陷於武斷，也失去了書中鼓勵人們用開放的心胸探索世界的本意**。

有趣的反倒是這本書在美國亞馬遜讀者評價及韓國網路書店排行都名列前茅的現象，大家真的對「魚不存在」這件事的證據和論述如此好奇嗎？不是！應是對書中出人意表的衝突性、谷底翻身的機會性，以及對作者在挫折中掙扎尋找自我，並逐步在泥淖中站起來的努力產生情不自禁的共鳴吧？也或許是不自覺地對現今苦悶的社會現象（貧富兩極化、名人背後的虛偽、男女關係的淺薄、工作機會的壓縮……）產生了投射，觸動心靈而口耳相傳。別忘了韓國是現今最壓抑的社會之一，美國也是現今貧富差距最大國家的代表，因此在讀這本書時，**讀者著重的應不是它的科學建議，而是從中體會身處逆境時的正向思考，樂觀進取，努力工作，和「天生我才，必有所用」的自信！**

不過在讀這本書的過程中，看穿名利後面的陰暗，突破身旁框架的限制，重新定義人生價值和做法之際，請別忘了作者的論述是將不同領域的資訊嫁接合成的，包括科學、歷史、法律、宗教及不同時代的社會價值觀，細究之下皆有其矛盾之處，而不是直接給我們「只要我願意，有什麼不可以？」的匹夫之勇。在獲得人生啟發的當兒，別忘記了真正社會是在既有的法律、信任、知識及人際規範中運作的！

其實，出版社在本書的簡介中也特別提醒了大家——「信念是如何支撐我們，又是如何『傷害』我們」——別重蹈覆轍；「這本書能幫助你，以截然不同的『寬廣』角度看待所處的這個世界」——別又陷入另一種「執著」！

至於「魚」呢？讓我幫牠們講一句話吧！人類每年大約會從海洋中抓九千萬到一億噸的魚，如果每條平均重一台斤（〇．六公斤），就至少會有一千六百億條魚死於我們手中，所以，如果有一天「魚為什麼不存在」了，八成是人類自己搞的！因此在讀完這本書後，**除了幫個人找到出路，也別忘了發願給地球上其他生命一條生路！**

寫到這裡，忍不住想起一首小詩，「山近月遠覺月小，便道此山大於月，若人有眼大如天，當見山高月更闊」，這是明代大儒王陽明先生寫的，而在看完這本如偉人傳記、科普文學、人性探討、勵志故事，甚至有點像推理小說般撲朔迷離的《為什麼魚不存在》後，可不可以期待讀者，人人都會有一雙能看清混沌世事的「迷人大眼睛」呢？

序曲

對抗混沌之力的人

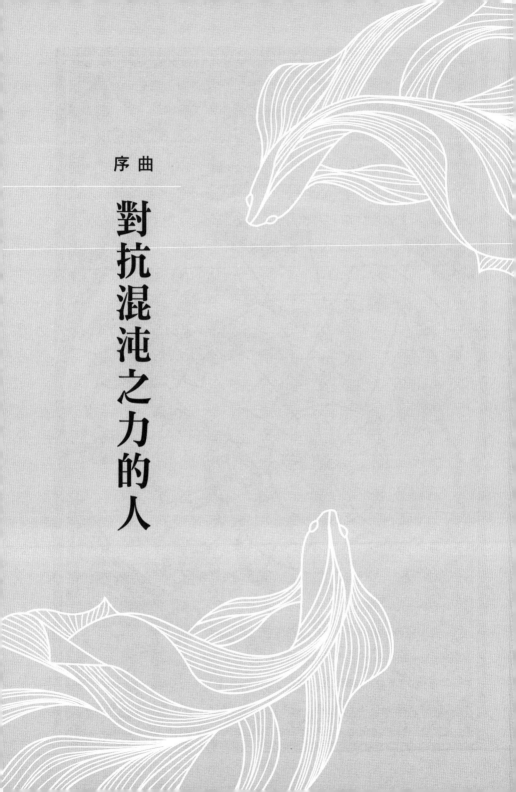

想像你的摯愛坐在沙發上，邊吃著麥片、邊滔滔不絕地談論一些令你著迷的事情，像是有些人的電郵署名居然只打了名字的首字母，連再多敲四個鍵都不肯，真的很讓人無言……

混沌之力（Chaos）會找上他們的。

混沌之力會用一根掉落的樹枝、或一輛疾馳的汽車、或一顆子彈，從外部打擊他們；或者從內部搞破壞，讓他們自己體內的細胞叛變。混沌之力會令你的植物腐爛、令你的愛犬死掉、令你的自行車生鏽。混沌之力還會腐蝕你最珍貴的記憶、毀掉你喜愛的城市，摧毀你建造的所有庇護所。

就像俗話說的：「不是不報，只是時候未到。」**混沌之力隨時有可能找上門來，它是這個世界上唯一確定的東西，更是統治我們所有人的主宰**。我爸是個科學家，他很早就告訴我，熱力學第二定律的必然性：熵（entropy）只會逐漸增加，無論我們做什麼，都無法使其減少。

聰明人會接受這個事實，不會跟它對著幹。

但是在一九〇六年春天的某一日，一個留著八字鬍的高大美國人，居然膽大包天地挑戰了我們的主宰。

他的名字叫大衛・斯塔爾・喬丹（David Starr Jordan）。從很多方面來說，他每天的工作就是與混沌之力作戰。他是一位分類學家，負責描繪出演化樹（tree of life）的樣貌，為混沌不明的地球帶來秩序，演化樹是一種樹狀圖，據說能顯示出地球上所有動植物之間的相互關聯。他專攻魚類，長年航行於全球各地尋找新的魚種，希望新的線索能揭示更多自然界尚不為人知的祕密藍圖。

他年復一年地工作，一晃眼數十年過去了，但他始終樂此不疲，最終獲得了豐碩的成果：在當時人類已知的魚類中，竟然有五分之一是由他的團隊發現的。[1] 每捕獲一條新魚種，得先幫牠取個名字，接著把名字打印在閃亮的錫牌上，然後把名牌跟魚標本一起放入加了乙醇的玻璃罐中。他的發現不斷增加，甚至超過千件。

但是一九〇六年春天，某個早晨的一場大地震，卻把他那些閃閃發光的收藏品推倒在地。

成千上百個玻璃罐摔碎在地板上，破罐而出的魚標本被碎玻璃和倒下的架子弄得面目全非。但最糟糕的是，之前被小心放進玻璃罐裡的錫名牌，如今散落一地，經過這場猶如末世的恐怖天災肆虐後，數百條精心命名的魚又變回一堆不明物體。

這位留著大鬍子的科學家，面對眼前的滿目瘡痍，看到自己畢生的心血粉碎於腳下，卻做出了反常的奇怪舉動。他並沒有一蹶不振，也未理會地震所傳達的明確訊息——在這個由混沌之力支配的世界裡，任何妄想建立秩序的嘗試，最終注定要失敗。他只是捲起袖子四處翻找，終於找到這世上他最拿手的武器，一根縫衣針。

他用拇指和食指夾住針並穿上線，然後從廢墟中取出一條他認得的魚，隨即以流暢的動作，毫不猶豫地把針刺入魚的喉部，將名牌直接縫在魚體上。

他一再重複這套動作，不斷搶救他認得的每一條魚，他不再讓錫製名牌待在不牢靠的玻璃罐裡，而是把每條魚的名字直接縫在魚皮上、縫在喉嚨上、縫在尾巴上、縫在魚眼上。**雖然這只是個微不足道的小創舉，卻蘊含著一個不屈不撓的願望——從現在起，他的工作成果將受到妥善的保護，永不再受混沌之力的荼毒，而且他所建立的秩序，將在混沌之力的下一次襲擊中屹立不倒。**

是傻子？還是勝利者？

我第一次聽說大衛．斯塔爾．喬丹反抗混沌之力的偉大事蹟時，還只是個二十歲出頭、剛開始跑科學線的菜鳥記者，所以我立刻斷定這人是個笨蛋，一根針或許能對抗地震的肆虐，但他忘了還有火災、洪水、生鏽等上億種破壞方式嗎？單憑一根縫衣針就想對抗混沌之力，他的創意未免太弱不禁風、太目光短淺、太不自量力了吧？我覺得這人真是驕傲自大，簡直就是魚類收藏界的伊卡洛斯（Icarus）。

但是隨著我年齡漸增，當我被混沌之力狠狠教訓，搞砸自己的人生，不得不想辦法東山再起時，我開始對這位分類學家感到好奇，猜想他可能很懂人世間的生存之道，像是堅持不懈、找到目標、勇往直前，這些我早該知道的事情。自信心爆棚或許是可以的，徹底否認自己注定要失敗，並不代表你是傻子，反而是勝利者的標誌……不過，這樣的想法會令我產生罪惡感。

就是在這樣的因緣際會下，當時非常絕望的我，在一個寒冷的冬日午後，上谷歌搜尋大衛・斯塔爾・喬丹這個名字，隨即看到一張泛黃的老照片，影中人是個留著濃密八字鬍、眼神犀利的白人老頭。

我心想：你是誰？這是一則警世故事？還是一個做人的楷模？

我繼續點擊，查看更多他的照片，我看到了少年時的他，居然像隻溫馴的小綿羊，有著一對招風耳，以及一頭烏黑的捲髮。接著是年輕時的他，挺直地站在一艘小船上，他的肩膀渾厚，牙齒輕咬著下唇，看起來竟有那麼一丁點性感。最後，我看到變成老爺爺的他，坐在一張扶手椅上，幫一隻毛茸茸的白狗抓癢。

我還點擊了他的文章及書籍的連結：魚類採集指南，韓國、薩摩亞和巴拿馬等地的魚群分類研究，以及一些關於飲酒、幽默、真理和絕望的雜文。他甚至還寫過詩、兒童讀物和諷刺文章，不過，對於一個像我這樣企圖從他人的人生尋求指引的迷茫記者而言，最重要的是一本名為《某人的一生》（*The Days of a Man*）的絕版回憶錄，它記載了大衛．斯塔爾．喬丹的生平大小事，內容豐富到不得不分成上下兩卷。該書已絕版近一個世紀，但我找到一位二手書商，他願意以二十七．九九美元的價格賣給我。

當包裹寄到時，我感覺心頭暖呼呼的、心情樂陶陶的，彷彿裡面有張藏寶圖。我用牛排刀割開膠帶，露出兩大本橄欖綠色的厚書，封面上還印著燙金字體。我煮了一大壺咖啡，然後坐到沙發上，開始翻看第一卷，準備搞清楚，**拒絕向混沌之力投降的人，最後會變成什麼樣子**。

第1章

熱愛觀星的男孩

大衛・喬丹在一八五一年出生於紐約州北部的一戶農家裡，當時正值一年中最暗的時節，或許這就是他從小便酷愛研究星星的原因。他曾這樣描述自己的童年：「秋天的晚上，當大家忙著剝玉米時，我卻對天體的名稱和意義感到好奇。」[1]但光是觀星還不夠，他想認得所有的星星，並找到星空中的秩序。

快八歲時，他獲得一本天文圖集，便開始用它來對照頭頂上的星空。他經常在晚上溜到屋外，想要記住天上每顆星星的名字。據他自己所述，他只用了五年就理清整個夜空的秩序，他還為了獎勵自己而選擇「斯塔爾」（Starr）當作他的中間名，並且相當自豪地用了一輩子。[2]

大衛・斯塔爾・喬丹熟習了天文之後，開始將興趣轉向地理。他家的土地迤邐起伏，樹木、巨石、農舍和牲畜猶如星座遍布其中。爸媽並沒讓他閒著，他必須幫忙許多雜活，像是剪羊毛、修剪樹叢，但大衛有項絕活，就是把碎布縫成百衲毯（所以他很早就學會了針線活）。[3]大衛會利用做雜活的空檔時間，開始繪製這片土地的地圖。

為此，大衛特地向大他十三歲的哥哥魯佛斯討教，魯佛斯是個沉默寡言、但脾氣溫和的大自然愛好者，有著一雙深棕色的眼睛。魯佛斯教大衛如何安撫馬匹，如何在灌木叢中找到最鮮美多汁的藍莓。大衛以崇拜的眼光，看著魯佛斯揭開地球的神祕面紗，對大哥佩服得五體投地。[4] 慢慢地，大衛開始把他們看到的一切景象繪製成複雜的地圖，[5] 他畫了自家的蘋果園，也畫了他上學的路線，當他畫完熟悉的地方後，他開始描繪遠方的圖景，他臨摹了遙遠的鄉鎮、州縣和五大洲的地圖。他那求知若渴的小指頭，幾乎摸遍了地球儀上的每個角落。

他寫道：「我當時的那股熱勁可把我媽嚇壞了。」[6] 他的母親名叫胡爾達，是個身材高大的婦人。有一天，她終於忍無可忍，竟把兒子畫的那一大落地圖全部扔了。

微不足道的小東西

她為什麼要這麼做？天曉得！或許是因為胡爾達和她的丈夫希倫都是虔誠的清教徒吧，他們很自豪一家人過著殉道者般的嚴謹生活，他們從不放聲大笑，每天一早，天還沒亮就到田裡工作。[7] 浪費時間繪製別人已經畫好的地圖，是一種揮霍光陰的輕浮行為，況且他家的生活並不容易，每天都有忙不完的雜事，要採收蘋果和馬鈴薯，[8]還要把碎布縫成百衲毯。

不過也有可能，胡爾達的反對只是反映當時的情況。到了十九世紀中葉，人們已經不再沉迷於追求自然世界的秩序，四百多年前開始的地理大發現（Age of Discovery）時代，在一七五八年結束了，而現代分類學之父卡爾．林奈（Carl Linnaeus）則完成了他的傑作《自然系統》（*Systema Naturae*），該書為所有生命的相互關聯提出了一個藍圖（不過書中的圖表錯誤百出，例如：把蝙蝠錯誤地歸入靈長類，把海膽誤認為蠕蟲）。[9]隨著船隻更加頻繁地往來於各個港口間，[10]人們看到異域來的標本和地圖已不像從前那麼興奮，這曾經是商店、酒館和咖啡館招攬生意的一種方式，那些用來擺放與展示奇珍異寶的櫥櫃，如今已經積了一層灰塵，這世界似乎再也沒有未知之地了。

不過也可能是別的原因，話說一八五九年有本對上帝不敬的書——《物種起源》（*On the Origin of Species*）出版了，彼時，年幼的大衛正好開始抬頭仰望星星，難不成是胡爾達讀了報紙後有感而發，覺得世界的秩序即將崩塌了？

不管是出於什麼原因，胡爾達都鐵了心要管教兒子，她拿著那捆皺巴巴的地圖，告訴大衛去找一些「更有意義的事情」來打發時間。[11]

大衛像個乖孩子聽從媽媽的話，不再繪製地圖。但他畢竟是個男孩子，所以他決定陽奉陰違。

他寫道：「我家附近的鄉地裡有好多野花。」[12] 這小子竟然想把自己的叛逆推給地球，他三不五時在放學後從草叢中摘朵野花回家，有時是像啦啦隊絨球的藍色野花，有時則是像絲綢般柔軟的星形橙色野花。有些花他聞一聞之後就隨手扔了，但有些花則被他帶回自己的房間、放在床上，花瓣神祕的排列方式令大衛心癢難耐，他好想知道它的一切，例如名字，還有它在演化樹上的確切位置。但在青春期到來之前，大衛一直恪遵母訓，不再迷戀花草。

直到上了中學的第一天，大衛就從圖書館借了一本「介紹花的小書」，[13] 並悄悄帶回家參考。他坐在房裡，拿著手冊辨識書桌上的野花，逐一了解它們的屬種。快成年的大衛開始長出腿毛，聲音也變得低沉。陪母親散步時，他偶爾會捉弄母親，突然用拉丁文說出路旁花朵的學名，故意不說長春花，而要說它的學名 *Vinca major*；不說向日葵，而硬要說 *Helianthus annuus*。彷彿是想藉此表明他對植物的熱愛，不會因為旁人的阻撓而減損或放棄。「只要一學會某個植物的名字，我就會順手寫在臥室的白牆上，但我似乎有點做過頭了。」[14]

大衛還開始跟附近一個名叫約書亞・艾倫伍德的貧苦農民「廝混」，此人幾乎認得當地所有植物的學名，可惜這項了不起的成就卻遭到鄰里的鄙視，只把他當成一個遊手好閒、虛度光陰的老傢伙。[15]

大衛卻十分敬佩約書亞，經常像個跟屁蟲似地與他漫步鄉間，恨不得能趕快學會老人家的一身本領——從植物散發的香氣、葉片的形狀及花瓣的數目，就能破解它的所有祕密。自從遇到約書亞之後，大衛不再以貌取花，開始懂得欣賞那些其貌不揚的小花，像是蒲公英（*Taraxacum officinale*）和毛茛（*Ranunculus acris*），因為它們能幫助人類更加了解大自然的藍圖，他寫道：「雖然這些小花並不出色，但是在我眼中，卻勝過一大把好看但一模一樣的花，這就是科學與美學的差別，科學會關注隱祕角落裡微不足道的小東西。」[16]

隱祕角落裡，微不足道的小東西。

大衛的這番話是在影射他自己嗎？雖然他的回憶錄中並未多所著墨，但人類世界似乎對他不甚友好。歷史學家愛德華・麥克納爾・伯恩斯（Edward McNall Burns）寫道：「大衛的父母把他送進寄宿學校，但女孩們並不怎麼喜歡他……據說，其他男生有時會在晚上坐進用來把燃料送上高樓的籃子裡，然後被拉上『女生宿舍』。」[17]可惜大衛從未體驗過乘「籃」快婿的美妙滋味。

而且隨著他年齡日增，外面的世界似乎變得更難應付了，他在回憶錄中提到，有次去結冰的池塘溜冰，卻跟一名個頭比他小很多的男孩打了起來；[18]他想唱歌，卻被音樂老師吐槽要他放棄；[19]十六歲時加入棒球隊，卻因為飛撲接球而受傷，只好退出，他寫道：「當時我鼻梁骨折，而且因為沒有固定好，從此以後鼻子一直有點歪。」[20]

他的第一份教書工作也不順利，學生是附近鎮上一群不聽話的男孩，開頭幾週，大衛用一根木頭教鞭來維持課堂秩序，想讓他們專心聽課，偶爾也會用它來懲罰表現最糟的男孩。結果有一天，男孩們終於受不了而群起反抗，他們衝向大衛，一把抄起他最信任的木頭教鞭，並放火給燒了。[21]

大衛只好自己一個人找樂子——閱讀冒險小說和讀詩，或是玩「握緊雙手闖關」遊戲來打發時間。[22]但是就連獨處也不得安寧，大衛十一歲的某天，當他正開心地沉浸於燒枯枝的有趣活動時，姐姐露西亞突然出現在農舍的門口，並大聲對他說：「趕緊回家見大哥最後一面吧！」[23]

大衛很困惑，魯佛斯怎麼會在家裡？支持廢奴政策的他，不久前才剛應徵入伍，沒想到還來不及上戰場實踐自己的信念，魯佛斯就在新兵訓練營裡染上一種怪病，而且病情發展迅速，令他發高燒，全身長滿玫瑰色的疹子，這種病在當時尚屬原因不明且無法治療的絕症，僅簡單地稱為「軍隊熱」（直到數十年後，才確定稱為「斑疹傷寒」）。

大衛走到哥哥的床邊探視他，魯佛斯原本炯炯有神的雙眼，現在卻變得目光渙散，幾乎無法對焦。大衛在哥哥的病榻前守候了好幾個小時，希望死神放他一馬。但是，隔天早上魯佛斯並沒有醒來。

大衛寫道：「大哥過世後，我難過了好長一段時間，而且感到非常孤獨，我經常夢到我哥沒死，最終平安歸來。」24

深陷枝繁葉茂的孤獨

魯佛斯死後，大衛開始用色彩裝點他的日記，他精心描繪各種野花、蕨類、常春藤和荊棘，以及他能從大自然擷取到的任何片段。[25] 這些畫稱不上是藝術作品，頂多只能算是美勞，到處都看得到鉛筆、墨水和橡皮擦的印子，以及著色時用力過猛造成的小裂痕。[26] 但就是那份用力過猛，透露出他的執著和絕望，他彷彿使出吃奶的力氣去畫下那些植物，每幅畫作的下方都附上學名，大衛以遒勁的筆力寫下每個字母：*Campanula rotundifolia*（圓葉風鈴草）、*Kalmia glauca*（沼生山月桂）、*Astragalus canadensis*（加拿大黃芪）。大衛形容他大聲念出這些花的學名時，感覺就像是在發表自己掌控一切的勝利宣言：「那些名字宛如我舌尖上的蜜糖般香甜。」[27]

順帶一提，心理學家的研究發現，收藏行為能給悲傷的人帶來安慰。心理學家沃納・明斯特伯格（Werner Muensterberger）數十年來採訪過多位收藏癖，並寫了《收藏：難以控制的熱情》（*Collecting: An Unruly Passion*）一書，書中指出，當人們感到「分離、失去或傷痛」時，就會寄情於收藏，因為每入手一件新的收藏品，都會產生無所不能的幻覺，十分令人陶醉。[28]

在格拉納達大學，研究收藏家多年的法蘭西斯卡・洛佩斯・托雷西亞斯（Francisca López Torrecillas）也有類似的發現——人們在遭受壓力或感到焦慮時，會透過收藏來舒緩痛苦，她寫道：「當人們感到力不從心時，強迫性的收藏行為能令他們心情變好。」[29]不過明斯特伯格亦提出警告，強迫性收藏跟其他強迫性行為一樣，在「令人興奮」與「使人毀滅」之間似乎僅有一線之隔。[30]

大衛又長大了些，他的肩膀越來越厚實、嘴脣也變得更加豐滿，他對收集新標本的渴望也日趨強烈。但無論他多麼努力學習，無論他學會了多少個新物種名稱，發表了多少篇分類學論文，卻連一個看重他的人也找不到，他解釋：「學校裡完全沒有人在乎我這個興趣。」[31]

他進入康乃爾大學，並且僅用三年便完成學士和碩士學位，但畢業後卻找不到工作，[32]因為各大學想要聘用的是那種衣著得體、善於社交，且能夠鎮得住學生的老師。大衛酷愛自然採集活動，經常在田野間匍匐前進，有時搞得膝蓋都磨破皮，手肘也經常髒兮兮的，難怪會被人們鄙視。

大衛本來很有可能就這樣過完一生，整天忙著採集和研究植物，而世人並不看重他這份天命。隨著時光的流逝，他將益發深陷於枝繁葉茂的孤獨中。

要是他沒踏上佩尼克塞島（Penikese Island）的話。

第 2 章

小島上的大師

佩尼克塞島距離麻薩諸塞州海岸約二十二公里，全長連兩公里都不到，再加上島上幾乎沒有任何樹木能遮擋烈日，[1]所以它被當成島鏈中的「小個子」、[2]一顆「孤單的小石頭」，[3]甚至被戲稱為「地獄的前哨」。[4]

但不知怎的，它那光禿禿的海岸，卻總能吸引人們來此尋找希望。二十世紀初，有位醫生曾來這裡開了間專門收容痲瘋病人的療養院，他努力想要找到治癒病人的方法。[5]到了一九五〇年代，這座島被規劃成鳥類保護區，許多博物學家試圖在此扭轉燕鷗數量驟減的命運。到了一九七〇年代，該島又搖身一變，成為收容不良少年、小太保或小混混（從名稱就能看出是哪個年代）的少年感化院，一名海軍陸戰隊出身的漁夫，希望讓那些迷途少年在這種與世隔絕的環境中，過著兼顧學習與體力勞動（畜牧、造船）的集體生活，讓他們從潛在的殺人犯變成（犯罪情節較輕的）偷車賊。[6]

等到我聽說有這麼一座小島時，它已經成了毒品勒戒中心，不少成癮者想在這裡永遠擺脫對毒品的依賴。不過，大衛．斯塔爾．喬丹來到這座小島的時間要早多了，當時是什麼人來到這裡尋求救贖呢？答案是博物學家。

一八七三年，大衛剛從康乃爾大學畢業，當時極其有名的博物學家路易．阿加西（Louis Agassiz）已經開始對這一行的前景感到憂心忡忡。阿加西是瑞士的地質學家，身材高壯、頗具魅力，留著濃密的絡腮鬍，他是最早一批支持冰河時期理論的人，並因而聲名大噪。阿加西在仔細觀察化石和基岩上的刮痕後，才得出了地球曾被冰雪凍住的觀點。也因此，他認為傳授科學知識的最好方法就是觀察大自然，並把「研究大自然（而非書本）」奉為圭臬，[7] 他還有一套令人聞之喪膽的教學法：把學生跟動物屍體一起關進個人讀書間，[8] 直到他們發現「事物蘊含的所有真理」之後，[9] 才會放他們出來。

他在四十多歲時來到哈佛大學任教，但那裡的一切令他十分憂心，學生不研究自然，也不會被關進讀書間與小動物的屍體共處，全部的學習方式就只有寫報告、考試，以及背誦教科書。阿加西對此做法感到極其憂心，警告說：「一般而言，科學與信仰並不相符。」[10] 他之所以會口出此言，是因為直到一八五〇年代，許多德高望重的科學家仍相信「自然發生說」（spontaneous generation），認為跳蚤和蛆蟲是突然從微粒進化來的。再早個幾十年前，科學家相信是「燃素」（phlogiston）決定某個物質是否會燃燒。在阿加西那個年代，人們還沒有能力保護自己的親人免受軍隊熱之類的神祕疾病侵襲，因為引發這種病的細菌還未被發現。阿加西認為，一個人如果對當下的信仰照單全收，就會受到阻礙和限制，而破解的方法就是長時間貼近觀察大自然中的各種事物，這樣才能在科學上獲得進步。

為此，阿加西很想打造一個安全的營地，由他帶領年輕的博物學家，直接在大自然中觀察萬物。一八七三年，一位富有的地主表示，願意把佩尼克塞島捐出來實現他的理想，阿加西自是欣然接受。

這座小島不僅位置理想，距離本土僅一小時的航程，而且大小適中，說它小嘛，卻足夠讓人四處探索，又不會大到讓人迷路。

佩尼克塞島最適合研究什麼主題？那可就多了，雖然它的海岸連棵樹也沒有，海草倒是挺茂盛的，它們隨風搖曳，裡面藏著許多珍寶——螃蟹、蜻蜓、蛇、老鼠、蟋蟀、鴴（plovers）、甲蟲、貓頭鷹。潮池（tide pools）裡有好多蝸牛、海藻和藤壺。至於阿加西的最愛，應該是散落島上各處的金色巨石，它們很多都超過四．五公尺高，從石上的刮痕，可以看到大約兩萬年前冰川移動的方向。

還有那不斷拍打著海岸的大海，這個碧藍色的托盤中蘊藏著無盡的珍寶——海星、水母、牡蠣、海膽、魟魚、鱟、海鞘、會發光的浮游生物或藻類，以及一條又一條光采奪目、黏糊糊、亮晶晶的魚兒。博物學家到了這裡絕不會空手而歸，對於一個想用大自然來教學的人而言，這裡就是金礦山。

就在阿加西開始在島上大興土木的同時，大衛．斯塔爾．喬丹則在相距甚遠的伊利諾州蓋爾斯堡（Galesburg）讀著報紙。他終於找到一份工作，在一所名為倫巴德學院的小型基督教大學教授科學，但其實他過得挺悲慘的，不僅身處偏鄉，想法也跟大家格格不入。同事批評他教的冰河時期理論是在褻瀆上帝，甚至還批評他讓學生使用實驗儀器根本是「浪費資源」。[11] 再加上伊利諾州天氣寒冷、地勢平坦，令他分外想念幼時那些開滿鮮花的峽谷。幸好，在一個陰暗的初春早晨，他翻開報紙，看到那則「在海邊上自然史課程」的廣告，刊登者正是路易．阿加西。[12]

我想像著嚇了一跳的大衛從鼻子裡噴出早上的咖啡，但其實那絕不會是咖啡，他這輩子不僅滴酒不沾，就連咖啡和香菸都不碰，因為這些東西都會改變人的感知。所以，從他鼻子裡噴出來的可能是水或香草茶。大衛不敢相信世上居然會有這樣的好地方存在，他以最快的速度向營地提出申請，並在幾週內收到了錄取通知書，那是他離開伊利諾州的通行證，由阿加西親筆簽名。

用心觀察自然，獲得指引

幾個月後，大衛．斯塔爾．喬丹在一八七三年七月八日抵達麻州新伯福（New Bedford）的碼頭，那是他這輩子第一次看見大海，那年他二十二歲。[13]

慢慢地，越來越多名年輕博物學家來到碼頭，有男有女。這是個美麗的早晨，海灣平靜、天空湛藍。一艘拖船正朝他們駛來，準備把他們送往遠處地平線上隱約可見的那個小島。小船放下登船的木板，一共有五十位年輕的博物學家上了船。他們在這段路途中聊了些什麼，現在已經不可考，或許他們詢問了各自的研究領域——動物、植物或礦物。如果有人問起，大衛可能會搞笑說，因為小時候他家的牆壁上長滿了茂密的常春藤，所以他「為了自衛而成為植物學家」。[14]但也有可能他只是緊抓著船舷，盯著翻滾的浪花尋找魚蹤，他坦承那幾年自己一直很放不開，對新地方充滿戒心，[15]所以他很可能跟從前一樣，試圖在自然中尋求慰藉。

啟航約一小時後，拖船的引擎轉為低速檔，並開始向小島靠近。站在甲板上的大衛隱約可以看見長長的碼頭上站著一個人，他寫道：

每個人肯定都忘不了第一眼見到阿加西的情景，我們一大早從新伯福乘坐一艘小拖船來到島上，阿加西就在上岸的地方等著我們，當時整座碼頭上只有他一人，臉上滿是笑容……。

他的身材高大健壯，寬闊的肩膀被歲月壓得略向前彎，他那張大而圓的臉，因爽朗的笑容與和藹的眼神而煥發光采……他熱情地迎接我們上岸，並仔細看著每一個人的臉龐，似乎想確認自己沒有看走眼，挑對人了。[16]

阿加西逐一與每位學生握手致意後，便帶著他們上山參觀新建的宿舍。不過施工時間超出阿加西的預期，所以宿舍還未完工，窗戶尚未裝上玻璃，屋瓦也還沒鋪好，[17]原本用來隔開男女寢室的牆壁也付之闕如，目前只能靠一面從房梁上垂下來的薄帆布暫時湊和。[18]

一些學生被眼前的情況嚇到，一位來自羅徹斯特（Rochester）的年輕鳥類觀察家法蘭克·拉汀（Frank H. Lattin）認為，這是個鳥不生蛋的小島，而且島上的建築物又如此簡陋，讓他們遭受風吹日晒，猶如置身地獄，他寫道：「站在島上放眼望去，毫無吸引力可言，起初我根本無法說服自己待下來。」[19]

不過，相同的景色看在不同人的眼裡，卻會產生截然不同的感受，這片熾熱的大地彷彿在對大衛招手，金色的沙灘伴著神祕的貝殼、海綿和海藻，一起閃閃發光。其他學生開始社交和嬉鬧，或是在一長排床鋪中挑選床位，大衛一個人悄悄來到海邊，他把手伸進海裡，先揀起一塊光滑的黑色石頭，然後又拿起一塊綠色的石頭，腦中急促地想著：「這是角閃石嗎？這是綠簾石嗎？如何區分它們？」[20]

過了一會，他被叫到穀倉和大家共進早午餐，原本住在穀倉裡的羊群直到幾天前才被趕出去，[21]換成同樣是四條腿的桌子進駐，所以穀倉裡還殘留著乾草、羊尿和青草味，蜘蛛網和燕巢仍盤踞在房梁上，[22]這裡將是他們在這個夏天的主要教室。學生們在長桌就座後，開始邊吃邊聊。大衛很可能就是在用餐期間瞥見了一頭紅髮的蘇珊．鮑文（Susan Bowen），她是來自麻州的年輕博物學家。兩人在那個夏天日漸親密，經常在月光下一起探索佩尼克塞島的海岸，把腳踝伸進一片漆黑的海裡，惹得一些海中生物發出綠色的螢光。[23]

用餐結束後，阿加西起身向學生們致歡迎詞，大衛說那份祝詞美到他找不到適當的文字轉述：「阿加西那天早上說的話永遠無法重現。」[24]

幸好知名詩人約翰．格林里夫．魏提爾（John Greenleaf Whittier）當時也在場，他的看法顯然跟大衛不同，魏提爾後來寫了〈阿加西的祈禱〉（The Prayer of Agassiz）一詩，[25] 這讓我們得以一窺當時阿加西說了什麼。他先描述了當時的場景，「在佩尼克塞島上，被湛藍的海水環抱」，接著切入阿加西致詞的重點，也就是採集的重要性：

大師對年輕人說
我們齊聚此處追尋真理
試著用不確定的鑰匙
逐一開啟神祕之門
透過祂的法則
得以觸及根源的裙擺
祂是無以名狀的唯一
無盡亦無始
祂是眾光之源
是生機、是力量

我們伸出無知的手指
在此處摸索
以解開肉眼得見的象形文字背後
那看不見的真理

老實說，我對詩歌一向不在行，但如果我沒會錯意的話，那麼這首詩的意思應該是說：當分類學家凝視著他們辛苦採集回來的珍貴野草、岩石和蝸牛時，他們真正追求的是——難以名狀、天地間唯一的力量、真理的源泉，以及肉眼凡胎看不見的……

上帝！

真的是這樣，阿加西在他的著作中明確表示，他相信每個物種都是「上帝的旨意」，[26]而分類學的工作，就是把造物主的旨意翻譯成人類的語言。

具體而言，阿加西相信自然中隱藏著上帝所造之物的神聖等級，只要加以採集分析，就能從中獲得道德上的指引。聲稱自然中暗藏著一個區分物種優劣高下的「分級」制度，可以當作我們的道德準則，這樣的想法其實由來已久；亞里斯多德就曾設想過大自然中有一把梯子，他的概念後來被拉丁化成為「*Scala Naturae*」一詞，意思是「自然之梯」；[27]所有生物會從卑微到神聖，依序排列在這個梯子上，人類在頂端，其次是動物、昆蟲、植物、岩石等。阿加西認為，把萬物按適當的順序排列，人不僅能看出神聖造物主的意圖，說不定還能看到如何讓人類變得更好的指示。

阿加西認為其中有些等級是不言而喻的，就從姿勢來看吧，人類能雙腳站立「仰望天空」，就明顯揭示人類處於階梯的高位，反觀較低等的魚類便只能「匍伏於水中」。[28]不過，其他某些物種的等級就比較難一眼看穿，試問鸚鵡、鴕鳥和鳴鳥（songbird），哪個等級最高？[29]阿加西認為，如果你能破解這道謎，就能明白在上帝眼中，語言、體型和歌聲哪個比較重要。但你要如何解謎呢？這時就得借助顯微鏡和放大鏡了，只要參考阿加西提出的客觀衡量標準，觀察該生物的「結構是複雜或簡單」或「它與周遭世界的關係」，[30]就可以做出適當的排序。再舉個例子，蜥蜴的得分會高於魚，因為牠們對自己的後代付出更多關愛；[31]而寄生蟲顯然就是一群卑鄙小人，因為它們是靠著欺騙、白吃白喝，以及占宿主的便宜才活下來的。

不過阿加西認為，最有價值的東西其實在表皮之下，他曾在佩尼克塞島的演講中，提醒學生不要被生物的外表——鱗片、羽毛或棘刺——給騙了，並誤以為某些生物之間存在相似之處（例如：刺蝟和豪豬雖然外表很像，內在卻大相徑庭）。阿加西說解剖刀才是明察上帝思想的最佳方法，劃開皮膚看看裡面，你就能發現動物之間的「真實關係」；[32]從牠們的骨頭、軟骨和內臟，才能看清上帝的旨意。

就拿魚來說吧，此時穀倉外有一大群魚在游來游去，從海裡撈起一條魚，剝掉牠的皮，你會發現上帝傳遞的明確訊息，他寫道：「不知道人的物理本質源自魚類，就不會明白人有可能變得墮落和道德淪喪。」[33]阿加西認為，魚類的骨骼結構（其頭骨、脊椎與肋狀突起）和人類極其相似，乃是對人的警告，提醒人若無法抑制衝動，恐將萬劫不復，他說：「道德和智能使人和魚有別……人若能善用兩者，則可登上靈性的頂峰；若棄之不用，則可能淪為最卑下之人。」

阿加西上了年紀之後，對於物種等級固定的說法略有鬆動，但那是因為他想要提出所謂的「退化」論，他主張即使是最高等級的生物，若不留神也會從高處墜落，壞習慣會導致一個物種的身體和智能雙雙倒退。[34]

阿加西把自然視為神聖的文本，認為即便是最無趣的蛞蝓或蒲公英，只要用心觀察，就能從中獲得心靈和道德上的指導。彙集所有資訊，就能看見阿加西言必稱之的神聖計畫，其形狀是多麼精細複雜且令人敬畏。[35]上帝用豐富的寓言故事解釋了自然之梯的意義，那不只是所有生物的高低排序，更是一套以錯綜複雜的道德規範所書寫的升天路線圖。

大衛．斯塔爾．喬丹寫道：「燕子在柔和的夏日空氣中飛進飛出，因為牠們不知道這座穀倉已經變成一座神廟。」[36]他終於可以再次用自己的文字書寫了。

阿加西用粉筆在黑板寫下：「實驗室是個聖地，任何褻瀆之物都不能進入。」[37]演講即將結束時，他要求學生們為即將到來的夏日考驗低頭默禱，據詩人說，當時就連鳥兒也鴉雀無聲呢。

整座穀倉籠罩在一股莊嚴肅穆的氣氛中，阿加西警告說，不認真學習的人將被遣送回家。[38]

我想像著那晚大衛躺在他的小床上，清醒地盯著頭頂上方的木椽，他感覺自己的世界被重組了。沒錯，他終於可以引用大師的話，來說服對他的追求無動於衷的母親、同學和同事，他對花朵所做的事，並非毫無意義、浪費時間或不務正業，而是如阿加西說的「最高等級的傳教工作」。[39]這個工作不僅能破解上帝的計畫，與揭開生命的意義，甚至有可能是一條打造更美好社會的道路。我想像大衛欣喜地盯著那根木椽，明白即便只是對那根木頭進行分類——它是松木、雪松還是橡木？就是在做地球上最有意義的工作，他並沒有浪費自己的童年時光，那晚他肯定非常開心……或許這就是為什麼他沒有聽到那惱人的聲音。

那是相距僅幾毫米的女生宿舍那邊的動靜，透過薄薄的帆布傳了過來，那位紅髮女郎正在褪去衣裳，準備鑽進床單裡，她的身體摩擦著床單，發出了窸窸窣窣的聲音。[40]這聲音肯定激怒了一些男生，因為有幾個人把一個枕頭塞進毯子裡，然後扔到女生那邊，引得一些女生尖叫或抱怨。隔天早上，據大衛說：「阿加西臉色鐵青，並在早餐時起身宣布，有六名男生（他念出他們的名字）將於十點鐘搭乘汽船離開。很多人替他們求情，說『女生們並不介意』、『那只是同學間的惡作劇，沒什麼大不了的』。但阿加西不為所動，他說我們是到那裡做正經事的，惡作劇實屬不宜。」[41]

在這六個年輕人羞愧地登上回家的汽船後不久，大衛便帶著漁網登上了一艘帆船。大衛在抵達營地的第一天就到岸邊撿石頭觀察的舉動，引起了阿加西的注意。

大衛是少數幾個被選中參加第一次「疏浚探險」（dredging expedition）*的學員，大衛寫道：「這是我頭一次接觸海魚，牠們種類繁多，讓人眼花繚亂。」[42] **他並未替網中翻跳的任何生物取名，因為那時牠們對他來說仍是個謎，不過那些閃閃發光、布滿鱗片的線索在向他招手，而他將用餘生來解開這道謎題。**

* 譯者注：指利用挖泥船等各種開挖設備，從水體環境挖出材料，這些開挖出來的材料可能是沙泥、淤泥或珊瑚礁等，但也可能只是垃圾。

第3章

無神論間奏

位在麻州東南部的一座半島——鱈魚角（Cape Cod），說不定是一片催生存在主義的沃土，我不確定這是不是因為那裡的沙質土壤中，含有能催化形而上學的金屬，我只知道我也是在那裡改變了我的世界觀。事情發生在我七歲的時候，說來奇怪，我對大衛．斯塔爾．喬丹的痴迷，似乎就是從那個時候開始的，而且他還成了日後我的人生陷入低潮時，想要求助的那個人。

那是個初夏的清晨，我們全家在麻州的韋爾弗利特（Wellfleet）度假，它與佩尼克塞島的直線距離僅約八十公里。

我跟我爸站在露台上，輪流用一副笨重的黑色望遠鏡，看著前方一望無際的黃綠色沼澤，試圖辨識遠處蘆葦叢中的一個小白點。我爸個子很高，留著鬍子，頂著一頭黑髮，穿著一條牛仔短褲，沒穿襯衫，挺著一個毛茸茸的可愛肚皮。我媽、兩個姐姐和貓咪都還在睡覺。我一直沒法讓鏡片聚焦在那個小白點上，只好把望遠鏡還給我爸，我用肉眼繼續盯著蘆葦叢中的那個白點，那到底是隻天鵝，還是一個浮標呢？難不成是什麼更有趣的東西？但不知怎的，我突然脫口而出問我爸：「**生命的意義是什麼？**」

或許是因為眼前的沼澤好大一片，一直綿延到海邊，而海又綿延到哪裡呢？應該是海洋的盡頭吧，我的腦中出現船隻航行到那裡便掉下去的畫面，下一秒，我突然想知道，我們究竟在這裡做什麼。

我爸並沒有立刻回答我，只是挑高了一邊的眉毛，然後轉過身來笑著對我說：

「沒有任何意義！」

我感覺自從我出生後，我爸就一直熱切地等著我問這個問題，而此刻他終於有機會告訴我：**生命沒有任何意義，不必自尋煩惱；世間沒有上帝，沒有人在看著你，也沒有人在乎你；沒有來世，沒有命運，沒有計畫，不管是誰告訴你生命有意義，都不要相信**。這些全都是人們為了安慰自己而幻想出來的東西，目的是為了驅散那令人害怕的感覺：一切都不重要、你這個人也無關緊要。但這就是事實，一切都不重要、你這個人也無關緊要。

然後我爸拍了拍我的頭。

我不知道當時我露出什麼樣的表情，嚇到一臉蒼白嗎？我感覺天地間有條巨大的羽絨被突然被扯開了。

接著他告訴我，混亂是世間唯一的統治者，這股力量形成的巨大漩渦在無意間創造了人類，但很快就會毀滅我們。我們的夢想、目標和最崇高的行為，混亂全都不在乎。我爸指著露台下方布滿松針的土壤，對我說：「你一定要記住，雖然你可能覺得自己與眾不同，但你其實和一隻螞蟻沒什麼區別，除了個頭比較大一些，但你依舊無關緊要。」他停頓了一下，確認他腦中的等級圖：「除非，我見過你幫忙鬆土？還是你曾啃食木頭來加快它的分解過程？」

我聳了聳肩，不置可否。

「我從沒見過你做這些事情，所以我可以說，你對地球的重要性還不如一隻螞蟻呢。」

然後，為了讓我明白他的意思，他張開了雙臂，我還以為他要抱我並對我說：「開玩笑的啦，你當然很重要！」沒想到他竟然是說：「想像這是所有的時間，人類存在的時間只有這麼長！」他在胸前比劃著一條巨大而無形的時間線，說到「這麼長」一詞時，他還誇張地把手指捏在一起，「而且我們可能很快就會消失了！如果你放眼地球之外……」他喟嘆道：「**那我們真的不算什麼，因為宇宙中還有其他行星，之外還有更多的太陽系……**」

我不確定這段內容是否跟我爸當年說的話一字不差，不過在將近二十年後，我聽到天文學家尼爾·德格拉斯·泰森（Neil deGrasse Tyson）那句家喻戶曉的名言：

「我們只是一顆微粒上的一顆微粒上的一顆微粒。」[1] 簡直跟我爸的說法遙相呼應。

當時才七歲的我，根本沒能力用語言精確表達出我心裡湧起的寒意：「那這一切有什麼意義呢？幹麼要去上學？幹麼要用通心麵黏在紙上做美勞？」

童年的我只能靜靜地觀察我爸的行為，想從中找出答案。他是個充滿活力的生化學家，用顫抖的雙手研究離子，這種帶電的微粒，能為所有生命活動提供動力，包括心跳、閃電，甚至是離子本身的活動。我爸開車時不綁安全帶、寫信從不留回信地址，還會在禁止戲水的地方游泳。有一天他回家後宣布，他再也受不了袖子了，因為袖子經常打翻他的試管，他拿起剪刀，氣沖沖地把衣櫃裡的衣服剪了個遍。接下來的好幾年，他上班時的穿著簡直像個學術界的海盜。

他很寵我家那隻淘氣的狗，從不按照食譜餵牠，雖然我媽已經表明她頂多只同意讓狗吃小白鼠的肝臟，其他一率不准，但我爸還是會用實驗室剩下的青蛙腿或電鰩的內臟，試做各種新料理。有次我跟他去養老院探視奶奶，剛要走進大門時，一位坐輪椅的老太太不小心擋到我們，我爸立刻對她大喊：「慢一點！」而且故意摔倒在地上，臉上還做出齜牙咧嘴的表情，裝作被撞得不輕。我當時覺得尷尬極了，也很擔心他會嚇到這位可憐的阿嬤，但老奶奶卻被我爸逗笑了，我這才明白，她開得起玩笑，也巴不得別人跟她開玩笑，她很樂於當個開得起玩笑的人。

我爸的一言一行、一舉一動，似乎都在實踐他的人生哲學：**你不是什麼重要的大人物，所以想怎麼活就怎麼活吧**。他常年以摩托車代步，喝大量的啤酒，一逮著機會就下水游泳，而且一定要用搞笑的方式跳水——肚子先觸水。但為了避免自己淪為一名享樂主義者，他不得不拿一個謊言當成他的道德準則：**雖然其他人也不是重要人士，但你得把他們當成重要人士來對待**。

所以，他幾乎每天早上都會泡咖啡給我媽喝，而且五十年如一日。他也沒拿學生當外人，過節時總會邀他們來我家聚餐，他們有時還會住在我家。我家廚房的餐桌上刻滿了數字，那是他用顫抖的手刻出來的，那是他在無數個夜晚，辛苦教我們姐妹三人領略數學之美所留下的紀錄。

他用充沛的活力應對嚴峻的現實，並活出了精采的一生，我這輩子一直努力想要學我爸那樣活著，抱著我們是「不重要的小人物」的想法，腳蹬小丑鞋，踏著歡快的步伐，慢慢地走向幸福。

但我經常畫虎不成反類犬。

「你不重要」這句話，往往從我身上引出截然不同的效果。

巨大的誘惑

法國作家卡繆（Albert Camus）要我們別為此心煩意亂，他認為大多數人會在任何時刻動過這個念頭，[2]這個解除痛苦的方法如此誘人，甚至被十八世紀的詩人威廉．古柏（William Cowper）稱為「巨大的誘惑」。[3]

從我五年級它就開始向我招手了，當時我大姐遭到嚴重霸凌而從高中輟學。我可愛的姐姐遺傳了我爸的黑髮，她戴著一副栗色框的眼鏡，一笑就露出閃亮的牙套。她不太會察言觀色，而且很容易感到焦慮，只要一有壓力就會開始拔眉毛和睫毛。我痛恨她的同學們不善待她、不放過她，只要一想到整間學校連一個同情她的人都沒有，我就非常心痛，有時候，我必須逼自己完全不去想這件事，我的心情才會好一點。

我試著像我爸那樣，從田野間找到安慰：捏泥餅、抓螢火蟲、築雨水壩，我是築雨水壩的高手，有次甚至引來一隻鴨子！但是等我上了中學後，我也開始遭到「走廊霸凌」，男生會用力拉扯我木工褲的褲環，譏笑說：「你的錘子呢？」我壓低棒球帽不想引人注意，卻還是逃不過他們的嘲笑，甚至叫我「傑瑞」，我根本搞不懂為什麼。九年級時，我經過一群男生，他們大聲喊著：「七！」顯然是在幫經過的女生評分，我心想七分還不錯嘛；後來我才知道，他們的意思是說要喝下七罐啤酒，才有辦法和我發生關係。七罐啤酒就爛醉如泥了，表示他們完全不想碰我。

我明白一個擁有堅強靈魂的勇敢女孩，會對那些臭男生反脣相譏。我明白自己遇到的情況真的不算什麼，但我內心沒有那樣東西，雖然我也說不清楚那是什麼。總之，在我需要骨氣的時候，我卻只能找到一盤散沙。

等我再長大一些，我大姐的情況仍未見改變，她雖然上了社區大學，卻和室友處不來，鬧翻後只好搬回家。她雖然拿到了學位，工作卻總是做不長久，當收銀員嘛，太緊張；當圖書館員嘛，又太健談。她晚上回到家時，既要面對我媽的擔心，還要面對我爸的失望，只能躲在臥室門後大吼大叫，我想像我大姐變成了一個淚眼婆娑的孤獨龍捲風。當我看到大姐臉上的眉毛和睫毛全被拔光時，我真的嚇到了，倒不是因為這副模樣看起來很詭異，而是因為我知道自己心裡同樣潛藏著巨大的悲傷，只不過，我比較喜歡用小刀在皮膚上劃下一些小傷口，用這樣的方式來發洩。

但我爸似乎已經忍無可忍，他迫切希望我倆趕快振作起來，並在生命結束之前盡情享受人生。我爸在實驗室的辦公桌上，掛了一幅用棕色的花體字書寫而成的格言，裱在一個上了清漆的木質畫框裡，那是達爾文的一句名言：「生命如是之觀，何等壯麗恢弘！」（There is grandeur in this view of life.）＊這是他寫的《物種起源》中的最後一句話，這也是達爾文對上帝說的「情話」，為自己抹去了上帝的存在而表達歉意，這同時也是達爾文給的承諾，只要你看得夠仔細，就會發現生命的壯麗恢弘。但有時，這句話聽起來像是一種指責——如果你看不到生命的壯麗恢弘，你應該感到羞愧。

每當我爸心情不好，或是工作了一整天、灌了一肚子酒時，他就會拖著沉重的步伐上樓，說他受夠了我們姐妹倆的胡鬧，他會用力甩門或搖晃我們，完全忘了他給自己定下的道德鐵律：把別人當成重要人士對待。有幾次，他還狠狠搧了我姐幾記耳光，在她臉上留下了紅印子。看著父女對立的緊張氣氛，我媽都急哭了，而身為全家精神支柱的二姐，後來也毅然離開家裡，在我升上十年級的時候，去了非洲的馬利（Mali）求學。

當時，我感覺天下之大竟無自己容身之處，外面只有充滿惡意的學校走廊，和看不見任何東西的地平線，家裡也只有大力甩上的門。一九九九年四月八日，那天是星期天，也是我的十六歲生日，我在日記中寫道：「我看不見一絲光亮。」隔天放學後，我開車去了沃爾格林連鎖藥局，找到擺放安眠藥的貨架，它們的外包裝分成淺藍色、深藍色和紫色，但都用白色星星許諾你一夜好眠，我快速拿了幾盒紫色的安眠藥塞在大衣裡，不想讓人起疑。

待我回到家吃完晚飯，整個人覺得輕鬆多了，我靜靜等待全家都睡著，爸媽縮著身子睡著了，只有這個時候他們才不會吵架；大姐的眼皮也難得闔上了；二姐在某個比自家更好的非洲家庭裡睡著了；小白狗查理也睡著了。我躡手躡腳地走到地下室，當時我還不知道動物死前會挖個洞躲進去，我只是不由自主地被吸引到那裡。我給自己搞了個儀式，鄭重其事地把每粒藥丸從它的小塑膠泡泡中擠出來，一分鐘擠一顆，看來就算是無神論者也喜歡儀式。

我在亮晃晃的燈光中醒來，聽到了護理師的羞辱，我媽憂心地坐在醫院的椅子上，我的屁股下面墊著保潔墊。放眼望去是用一片片塑膠磁磚拼成的格子狀天花板，我心想它們看起來好像蘇打餅乾啊，呃，其實更像長方形的石磨全麥薄片。隔

＊譯者注：此段譯文引自苗德歲翻譯之《物種起源》（譯林出版社，二〇一三年）。

天，醫生開了抗憂鬱的帕羅西汀（Paxil）給我，但我拉不下臉來吃。學校出於擔心，禁止我參加這次的校外教學活動，我服藥的事已經悄悄地在學校走廊裡傳開來。

我特意買了支粉色的唇蜜，並努力笑得燦爛，但心裡暗暗發誓下次一定要成功。我腦中浮現一個閃閃發光的金屬物件，它肯定比藥丸更管用，保證能順利完成任務，在高中結束前，我滿腦子都是那個巨大的誘惑。

光亮的出現與消逝

不過，等我進了大學以後，我的世界終於出現了一絲光亮。某天，我跟一個肩膀寬闊、憨態可掬的捲髮男在走廊上擦肩而過，他有一雙泰迪熊般的棕色眼睛，身上散發出一股肉桂香。他是即興表演社團的成員，而且是最出色的那一個，他說話時的手勢很大，總是從充滿善意的角度講出異想天開的笑話，在這個冷酷無情的世界裡激起歡笑的漣漪。我經常坐在觀眾席看他表演，並為之驚嘆不已，這樣的暖男怎麼可能到手。

我花了好多年的時間，透過雙方都認識的朋友慢慢結識他，之後便經常扣應他主持的深夜即興饒舌節目，放大膽子試著……饒它一回舌！我甚至加入了即興表演社團，然後在某個晚上，我鼓起勇氣向他告白，他居然沒有像我猜想的那樣溜之大吉，走廊上那些男生的冷嘲熱諷讓我以為他肯定會那麼做，但他居然吻了我。

大學畢業後，我們搬到布魯克林同居，這個小公寓雖然只有一間臥室，以及一張紅色的富美家餐桌，但門廊倒是挺漂亮的。我找到一份工作，幫忙製作廣播電台的科學奇觀節目。他則繼續從事喜劇方面的工作——單口喜劇、即興表演和編劇，並兼差開計程車來養活自己。我們經常坐在門廊上，喝啤酒徹夜長聊，聊各自的白天生活，吐槽自己又幹了哪些蠢事。我覺得我找到了本以為不可能存在的至寶——一間庇護所，況且它還有股肉桂香，雖然它的牆壁是用不甚高明的諧音梗和韻文砌成的，但日益加高的牆還是能幫我擋掉現實世界的寒冷。

我滿腦子都是對未來的憧憬——當電視節目的編劇，一起搭建樹屋，在院子裡追著孩子玩。但這樣美好的生活卻在七年後被我親手毀了，某個深夜，在離他八百公里外的某個海灘上，我被月光、紅酒和篝火沖昏了頭，忍不住勾搭上那個我一整晚都不敢直視的金髮女郎。剛從海裡游罷歸來的她渾身溼透，身上起了無數的雞皮疙瘩，我想伸出舌頭把它們舔平。當我的手摟住她的腰肢，當我的唇吻上她的頸子，她開懷地笑了，我倆沐浴在星光下，身上的氣息也融為一體。事後，當我向捲髮哥和盤托出這一切，他對我說：「我們分手吧。」

但我不相信他，我不相信我倆這麼多年來攜手建立的一切，竟然如此不堪一擊。我求他重新考慮，我向他保證，那晚的事只是一時的意亂情迷，是一個無心之過，絕不會再發生。但他真的很生氣，也很受傷，無法再跟我這麼隨便的人在一起。失去了他，世界跟著變得黯淡無光，我們的朋友都知道我幹了什麼好事，全都疏遠我了。我因為不想解釋，所以躲著家人；我曾經頗為投入的工作，如今也一敗塗地，**過去我認真追尋的那些科學故事，如今看來只不過是從各個方面——化學、神經學、昆蟲學——證明這一切的努力是多麼悲涼且毫無意義**。

那巨大的誘惑又慢慢開始浮現在我的腦中，它的槍管在向我招手，說它想為我獻上一份最棒的禮物：一了百了。

但這時候，我的內心深處竟出現了一樣東西，那是我的脊椎骨嗎？我終究還是有點骨氣的，抑或只是我腦中某個痴心妄想的角落，想出了一個備案——只要我持續展現出夠強的悔意，說不定捲髮哥就會明白我有多後悔，並重新接納我。於是，我拿起了我最強的武器——一枝筆，給他寫了一封又一封信，我等待著、盼望著。我偶爾會開個蹩腳的玩笑，發出我倆才懂的求饒示好暗號。我曾在二〇一二年的第一天寄一封電郵給他：「交往十二週年快樂。」但沒有任何回應，日子一天天過去，轉眼間我倆已分手三年，我仍故作開朗，可惜我的窗外越來越寂靜，熱力學第二定律向我展示它的威力，但我仍不肯死心。

這就是大衛・斯塔爾・喬丹引起我注意的原因，我想知道究竟是什麼東西，讓他能無視於永遠不會成功的警告，不斷舉起縫衣針對抗混沌之力。他是否無意間發現了什麼訣竅，或是拿到了一帖藥方，能在冷酷的世界裡燃起希望？再加上他是個科學家，令我多了分想像，讓他堅持下去的東西，說不定跟我爸的世界觀不謀而合。**也許他悟出了其中的關鍵，知道如何在沒有未來的世界裡懷抱希望、如何在黑暗的日子裡繼續前進、如何在沒有上帝的垂憐下保有信念。**

否認過去的自己，未必很丟臉

但是讀完大衛在佩尼克塞島的經歷後，我開始擔心起來，如果上帝就是那盞讓他在黑暗中前進的明燈，那他就幫不了我。

幸好，在大衛得知達爾文的新觀點後，我發現了一條線索。大衛離開佩尼克塞島後，曾在威斯康辛州艾普頓（Appleton）的一所私立預備中學（prep school）擔任科學老師。[4] 達爾文的思想在大衛小時候尚不成氣候，現在卻已成了每一位嚴肅的科學家都不能小覷的疾風。《物種起源》一書中充滿了異端邪說：地球上所有生物都是從「一個原始型態」演化而來，人類還在演化，而且說不定會滅絕。[5]

不過，最令分類學家無法接受的觀點是：自然界中的物種並非固定不變的。達爾文觀察到，傳統上認為是同一個物種的生物，其實有很多的變種，所以他對各物種間存在著一條嚴格界線的想法，便慢慢開始鬆動了。他還發現「不同物種雜交的後代無法再繁衍後代」的理論其實是一派胡言，達爾文寫道：「我們無法一口咬定物種雜交的後代必定不育，也不應把它們的不育，視為一種特殊的天賦與造物者的安排。」[6]

根據以上的推論，他最終宣稱，物種——以及被分類學家認定為永恆不變的自然界等級分類（屬、科、目、綱等）——其實全是人類的發明，我們在不斷演化的生命長河中劃出這些有用但武斷的界線，其實只是「圖個方便」，[7]他寫道：「自然並不會跳躍發展。」（*Natura non facit saltum.*）[8]**自然沒有邊界，沒有固定的界線**。

但是對當時的分類學家來說，得知自己手中握有的物品，並非解開自然真相的拼圖或線索，而是隨機發生的產物，真的非常困擾。它們不是神聖文本中的一頁，不是神聖的密碼符號，也不是通往天堂的神聖階梯，而是不斷變幻的混沌之力在某個當下的狀態。有些人對這樣的觀點非常不滿，因為這讓地球變得毫無希望，也讓他們的追求變得毫無意義，所以路易．阿加西至死都堅決反對達爾文的觀點，他到處發表演講，怒斥達爾文說人類可能是從猿類演化而來的觀點「令人厭惡」。[9]

身為年輕人的大衛．斯塔爾．喬丹，終究比較容易接受新觀點，他經過一番苦思後沉痛地決定，唯有這一點無法跟恩師阿加西站在同一陣線。**因為他越是仔細觀察大自然，就益發認同達爾文的看法，物種之間確實存在灰色地帶**，他寫道：「我像個被貓咪尾巴所吸引的小男孩，跟著走到地毯另一邊的演化論者陣營！」[10]

天啊，這句話令我對大衛崇拜不已，我好想抱住他、在他臉上親一下，讓他知道他有多勇敢、多優秀，因為他願意正視演化論揭示的那些令人震驚的真相，並找到了繼續前進的方法。

而此舉也意味著我可以繼續把他當成我的人生嚮導，說不定還意味著，雖然他把縫衣針當寶劍的做法很荒唐，但肯定有他的道理。這同時也意味著，否認自己過去的信念未必會很丟臉，這或許還意味著——只是或許啦——只要追隨他過度自信的腳步，我終究能回到一間明亮的庇護所。

第 4 章

徒勞無功

音樂的蒙太奇在此刻開始響起，歡快的水手短歌，帶出大衛．斯塔爾．喬丹捲起袖子、站在一艘巨型帆船甲板上的畫面，他身旁站著十幾個戴著圓頂硬禮帽（bowler hat）的男子，他們手持釣竿、長矛、拖網和三叉戟，以及任何能把海中魚弄上船的工具。

離開佩尼克塞島後，大衛在阿加西的祝福下開始認真從事採集工作，並將焦點鎖定水域，他寫道：「魚類學的文獻既不準確也不完整，且很少有比較研究，看來這個領域似乎大有可為，而事實也是如此。」[1]

大衛先後在中西部多所學校任教，他為自己定下一個目標，要發現北美洲的每一條淡水魚，[2]他還找來康乃爾大學時期的老友、分類學家赫伯特．科普蘭（Herbert Copeland）一起打拚。同樣留著鬍子的科普蘭是個身強體健的壯漢，兩人一起住進印第安納波利斯的一間廉價旅館，[3]雖然我腦中浮現他們把好多本皺巴巴的《自然系統》隨便放在浴室裡的畫面，但我根本不確定他們的住處是否有浴室，畢竟當時建築物的管道系統尚未完善，尤其是在印第安納州那樣的偏鄉。

這對好夥伴在各種水域、河流和湖泊中南征北討，捕來各式各樣的魚類標本，有的長著鬍鬚，有的長著尖牙，且很多散發出混合了綠藻和酸菜的氣味。慢慢地，他們開始發表自己的分類研究，揭示物種間的新關聯，並剔除那些重複登錄的物種，例如班真鮰（*Ictalurus punctatus*），大衛說這種鯰魚「重複被當成新物種多達二十八次」。[4] 大衛的表現引起政府部門的注意，他們聘請這位留著披頭四髮型的捕魚好手擔任傭兵，要他利用暑假去找出更多未知的美國魚種。這讓大衛得以前往德州、密西西比州、愛荷華州、喬治亞州和田納西州尋找新的魚種，並將牠們插上由美國發現的旗幟。

一八八〇年，大衛被派去幫太平洋沿岸的魚類編目（算是美國人口普查工作的一部分），[5] 他帶上他的愛徒，一個名叫查理．吉伯特（Charley Gilbert）的「聰明仔」，[6] 他們從聖地牙哥開始沿著海岸線前進，尋找美國的水生居民。他們從海中撈起各式各樣充滿油脂的「珍寶」，[7] 令大衛大開眼界，並在回憶錄中細數他們的戰利品：一尾重達兩百七十多公斤的鮪魚；一條胸鰭像絲帶一樣長的長鰭鮪魚；以及胸鰭能像蜻蜓的翅膀一樣擺動，躍出水面滑行兩百公尺遠的加州飛魚。

這對師徒二人組，日復一日地駛過一里又一里的水域，而那些從未出現在科學紀錄中的無名魚種，也逐漸落入他們的囊中，例如：一種布滿光點的小燈籠魚，會在暴風雨時從深處浮上水面；他們在一條鱈魚的肚內，發現一種長著彩虹鱗片的小魚，但那條鱈魚卻是被一條長鰭鮪魚吞下肚的；他們還捉到一條有著黃色條紋的深紅色魚，並戲稱牠為「西班牙國旗」。[8]

他們的捕魚工作一幹就是好幾個月，他們的聖誕節是在聖地牙哥過的，農曆新年則在聖塔巴巴拉慶祝，三月時遍訪蒙特瑞半島。儘管大衛努力把焦點放在魚類上，但他對植物依然舊情難忘，見到時總忍不住脫口而出它們的學名，例如香冠柏（*Cupressus macrocarpa*）、紐西蘭輻射松（*Pinus radiata*）。他還會幫沿途看到的所有生物排序，例如太平洋細齒鮭（eulachon）是「最好吃的魚」；[9]銀楓是「二流的遮蔭樹」；[10]盲鰻（hagfish）則是「最糟糕的魚」，因為牠會附著在獵物身上，並鑽入獵物的體內，吃掉內臟和魚肉，是個全身覆蓋著黏液的「海盜」。[11]

大衛不愧是路易．阿加西的弟子，他也會仔細研究沿途遇見的生物，試圖從中尋求道德指引，他會把阿加西語焉不詳的「退化論」，結合達爾文的演化論，當成他自己判斷生物高下的方法。所以他認為黏糊糊的盲鰻，證明了懶惰或寄生等「壞習慣」，確實會使物種退化、衰退或變得更糟。[12]大衛在一篇科學論文中指出，海鞘原本是一種較高等的魚，但由於「無所事事」、「不愛動且依賴成性」，才會退化成一個定棲（sedentary）的囊袋型濾食性生物（filter feeder）。＊[13]大衛明明不清楚是什麼樣的機制造成這種衰退，但海鞘在他眼中就是個名副其實的廢物，是一個關於懶惰的警世故事。

大衛和查理沿著海岸線北上，不敢漏掉任何一塊海域，大衛還會研究各國漁民的捕魚方法，像聖地牙哥的中國漁民是用細密的漁網撈起大量魚獲；[14]聖塔巴巴拉的葡萄牙漁民則是站在岩石上，將三叉戟射入海中；[15]海鷗和鵜鶘俯衝入海叼魚的精準度更是令人讚嘆。對於這些捕魚技巧，大衛能學則學、不能學則偷；他會到中國人的市場上掃貨，把那些科學尚未登錄的生物據為己有；或是剖開鳥類和鯊魚的肚子，看看是否有生物逃過他的追捕。所以此行收穫豐盛，大衛和查理一共命名了八十個新魚種，[16]演化樹上也多出八十個新的分支，八十個新物種在他們命名下誕生，包括扇形泰勒燈魚（*Myctophum crenulare*）、細盜目魚（*Sudis ringens*）及紅縛平鮋（*Sebastichthys rubrivinctus*）。

八個月後，大衛回到印第安納州，他終於在布魯明頓找到長期工作，在印第安納大學擔任科學教授。大衛還雙喜臨門，同時完成了看似難如登天的終身大事，新娘是他在佩尼克塞島認識的紅髮植物學家蘇珊·鮑文。他成功說服蘇珊離開麻州伯克郡山區的老家，來到印第安納州與他共組新家庭。她忐忑不安地搬到印第安納州，感覺這裡就像拓荒時代的西部，尚待開發且沒有規矩，但深愛大衛的她也只能嫁雞隨雞了。婚後不久，他們就有了第一個孩子伊蒂絲，接著生了老二哈洛德，甚至還生了老三索拉。大衛在印第安納大學任教僅六年後，校董會便邀請大衛擔任校長，而他欣然接受了。[17] 當時大衛才三十四歲，成了全美最年輕的大學校長，[18] 差不多也是這時期，大衛開始留起了八字鬍，看起來頗像鼻孔下方竄出兩根象牙。

說到這裡，我不禁對大衛的驚人轉變感到十分好奇，他是如何從無人聞問的窮小子——他的追求被世人嘲笑，有時甚至遭到辱罵——快速變成眾人愛戴的成功人士？我想像中的大衛，是個脾氣溫順到有點陰鬱的人，其貌不揚且臉色蒼白，**他像鴨子划水般默默努力著，並慢慢匯聚了光亮和氣勢，不管那個光芒四射的東西是什麼，都與他的人生目標有關。**

＊編注：sedentary 是「缺乏活動」的意思；在生物學上，定棲的意思是指該生物一生中都居住在同一個地方，不進行遷徙或游牧。濾食性生物的特徵是，透過過濾水中的懸浮物和顆粒，來篩選食物。

目標會讓人脫胎換骨。

在此要順帶一提的是，雖然達爾文一筆勾銷了上帝創造萬物的功勞，但大衛並未看輕自己的獵魚行動，因為他認為自己仍是在捕捉神聖之梯的形狀，並揭示所有生物在大自然中的排序，只不過現在他相信，神聖之梯的排列是由時間（而非上帝）決定的，但它所揭示的自然之祕，是同樣重要且具有啟發性的。他告訴自己，只要仔細觀察魚類的解剖結構，就能發現真正的創世故事，得知人類是透過什麼樣的生命實驗才得以誕生的。而且他還發現了一些線索，這些線索是由其他生物的偶然失誤和成功所寫就的，它們說不定能幫助人類的演化更上一層樓，這與阿加西的使命相同，只不過掌舵者不是造物主。

當厄運接連到來，該怎麼辦？

大衛的工作頗有斬獲，他帶領的那群身材魁梧、戴著眼鏡的分類學家，不斷發現新的魚種，而且速度快到他們根本來不及命名。他們把成果保存在放了乙醇的玻璃罐裡，然後拿到大衛位於科學大樓頂樓的實驗室裡，堆放在置物架上，等待神聖的命名儀式到來。架上的神祕生物越堆越高，為數上千。

但是在一八八三年七月的某個深夜，宇宙出手教訓大衛了，她放出一道閃電，擊中一條電話線，並讓迸出的火花竄入一間辦公室，它正巧就位在大衛的實驗室下方。火花先是燒著了幾張紙，但火勢繼續蔓延，延燒到牆壁後順勢往上竄，最終染指了架子上的珍貴標本。乙醇雖能防止生物腐爛，卻對火勢助紂為虐，架上的玻璃罐像小型炸彈紛紛爆開，罐中的魚標本也隨之人間蒸發，身分不明的生物被燒掉後，要再找到一樣的恐怕沒那麼容易。

所有的標本都毀了，但這並非全部的損失。多年來，大衛一直在製作一份祕密文件，那是一張揭示演化樹新分支的藏寶圖，圖上的分支眾多，宛如一盞巨大的水晶吊燈；它飽含大衛的見解，能向世人展示物種間的演化關聯，卻在火災中付之一炬。負責評估損失的記者難掩心中的不捨，在《布魯明頓電訊報》（*Bloomington Telephone*）上寫道：「僅一小時的大火便幾乎毀掉他一生的心血。」[19]

但大衛．斯塔爾．喬丹本人倒是很看得開，並沒有被這場災難打斷工作，他撣去灰燼後，隨即回到全美各地的水域，企圖找回他失去的東西。**他既未糾結於過**

往的努力、前功盡棄，也不認為自己的行為——妄想在混亂統治的世界裡建立秩序——是白費力氣。他聲稱這場浩劫只讓他學到一個教訓，那會是什麼呢？要保持謙遜？設定更合理的目標，而不是幫北美的每一種淡水魚編目分類？不是的，是：「發現新魚種後，立刻發表。」[20]哇，他學到的教訓居然是要比之前更努力。

當他的私生活遇到悲劇時，他也是用類似的態度因應。火災剛過兩年，他的妻子蘇珊在十一月的某天生病了，她咳得厲害，紅褐色的頭髮被高燒的汗水浸溼，沒幾天就過世了。大女兒伊蒂絲說，她的母親死於一場讓鄉下醫生束手無策的肺炎。[21]

大衛再次迅速展開行動，他大手筆訂購了一組十分奢華的白菊花，覆蓋在蘇珊的棺木上，還發表了一篇感人的悼詞，追憶兩人對分類學的熱愛。當年，他倆晚上經常在佩尼克塞島的海灘散步，「海水中有大量會發光的微小生物，像星星般照亮漆黑的海面」。[22]他說不定還告訴自己，蘇珊雖然沒能跟他一起實現追求宇宙秩序的崇高理想，但也算是求仁得仁了。

妻子的喪禮結束後，大衛又跟上回一樣立刻投入工作，試圖從荒野中找回他失去的東西。蘇珊死後不到兩年，大衛就再娶了，一個名叫潔西．奈特（Jessie Knight）的大二學生成了他的第二任妻子，這段婚姻在很多方面都令大衛感到人生

「升級」了。蘇珊對大衛長時間出門在外頗有怨言，還寫信說她討厭大衛經常不在家，讓她感到很孤獨，[23]但潔西卻是要求與大衛同行。她年輕且充滿活力，一雙美瞳更是令大衛著迷不已，他寫道，當他看著那雙像黑曜石般漆黑的眼睛時，不禁尋思這樣的基因來自何方——某個西班牙的流浪者嗎？一個會魔法的巫師？還是一位「嫻靜的小姐」（Doña Plácida）？[24]遺傳成了大衛觀看世界的鏡頭，這也是他想從魚類身上探尋的東西——各種特徵是如何傳遞下去的？如何從某些生理特徵看出演化上的關聯？就連面對人類時，他也會不小心展現出這樣的職業病。

十八歲的潔西一進大衛家，就把老大跟老二統統送去寄宿學校，當時伊蒂絲只有十歲，為此她終生與繼母作對，她在晚年的一份回憶手稿中寫道：「我當時就知道，我永遠不會叫她媽媽。」[25]至於最小的索拉則不勞潔西擔心，因為她在母親死後不久也因病去世了。

在這個無孩一身輕的家裡，潔西可以放心跟著大衛參加他的魚類採集探險。照片中的她戴著眼鏡和帽子，露出靦腆的微笑。據大衛描述，當他在釣魚時，她總會在附近陪伴，或斜倚在樹下看書，他在回憶錄中坦言：「我很難用言語說明她的陪伴對於我的意義。」[26]

對於自己能先後從火災和妻子過世的打擊中，快速回歸生活常態，大衛說那得歸功於他練就了一面「樂觀之盾」，[27]他猜這或許跟自己的身高有關，他成年後的身高近一米九，[28]與當時美國男性平均身高一米六相比，他簡直算得上是個巨人。不管真正的原因是什麼，大衛說朋友們都認為是這面盾牌，讓他能夠無懼挫折，他的一位同事曾經開玩笑說，無論日子有多糟，你都能看到大衛「哼著歌走過拱廊」。[29]

大衛一派輕鬆地解釋：「**厄運一旦過去，我就不再耿耿於懷。**」[30]

把握機會，建立自己的團隊

就在此時，加州一對姓史丹佛的有錢夫妻，恰好得知大衛・斯塔爾・喬丹的大名，並聽說他是個開朗又勇敢的巨人，且「腰纏」數百項科學發現。這對夫婦的名字是利蘭・史丹佛（Leland Stanford）與珍・史丹佛（Jane Stanford），他們在一八九〇年的某天，不遠千里從加州來到布魯明頓，詢問大衛是否願意到他們在加州帕羅奧圖（Palo Alto）設立的一所小型學術機構，擔任首任校長。大衛對這份工作很感興趣，不單薪水優渥，那裡的氣候也很宜人，而且說不定有機會再去捕撈太平洋裡的魚類珍寶。

唯一讓他有所顧忌的是這對夫婦，利蘭．史丹佛是個名聲欠佳的共和黨參議員，人們普遍認為他的財富來路不正當。而他太太則沒受過什麼教育，還喜歡透過靈媒跟已故的兒子聯繫。大衛擔心自己會淪為一個傀儡，不得不聽命於那兩個在道德和智力上都不如他的人，但是一想到……那麼宜人的天氣、那麼豐厚的薪水，大衛最終在一八九一年，宣誓就任史丹佛大學的創校校長，那年他才剛滿四十歲。

大衛到達帕羅奧圖後便發現，說服史丹佛夫婦讓他按照自己的意思使用他們來路不明的財富，其實並不困難，所以他立即在蒙特瑞半島的濱海處，建造了一座嶄新的海洋研究設施——霍普金斯濱海實驗室（Hopkins Seaside Laboratory），並以阿加西在佩尼克塞島的夏令營為模範，把直接觀察奉為學習的金科玉律。那棟建築物的窗戶比牆還多，海水順著管子流進教室。[31] 大衛還把多位朋友和學生都招來史丹佛大學的理學院任職，當年那個「聰明仔」查理．吉伯特，現在已是一位傑出的分類學家，甚至當上了動物學系的系主任。[32]

大衛還把自己採集的魚類標本運過來，它們搭乘火車在白雪皚皚的山間顛簸前進，搞得玻璃罐搖晃不止，瓶子裡的魚眼珠也跟著轉個不停。大衛早已指定史丹佛大學校園內最宏偉的一棟建築，當作收藏品的存放處，這棟堅固的砂岩大樓不但擁有寬闊的拱廊，而且屋頂使用了既好看又防火的紅瓦。在大樓正前方的主入口處，擺放了一座大理石雕像，他是一位留著濃密絡腮鬍、胸膛厚實的知名博物學家，手裡拿著一本書，你能猜出他是誰嗎？

除了路易．阿加西還會是誰。

不過這座雕像其實是史丹佛夫婦的主意，因為他們對阿加西的教學理念仰慕已久，大衛對這樣的安排當然是十分開心。雖然在雕像委製期間，阿加西的形象已經變差，但大衛並不在意。

話說阿加西不但拒絕接受演化論（當時的科學界普遍認為傻瓜才會認同演化論），而且堅信自然界存在等級制度，並提出了科學史上最令人厭惡、最具破壞性的謬論之一。阿加西至死都堅定支持「多元發生說」（polygenism）*，該理論認為不同人種分屬不同物種，而黑人則是次等人。阿加西到處演講宣揚此觀念，當林肯政府在南北戰爭期間向他諮詢時，他便主張黑人獲得自由後，應該與白人隔離而居，因為他們無法與白人和平共處。阿加西還引用不可靠的測量方法，以及憑空想像出來的等級制度，斷言黑人在生理上無法適應文明，這要歸咎於黑人天生太「孩子氣」、太「感性」且太「耽於玩樂」，[33]才會在不可改變的生命階梯上處於低位。

不過大衛似乎完全不在意這些紛擾，他很高興把雕像擺放在自己的科學「聖殿」入口，他還說他原諒阿加西對達爾文的排斥，他辯稱：「阿加西教我們要獨立思考。」[34]他似乎並不擔心自己的思想可能會被「某些人種天生低人一等」的謬論帶偏，大衛從小便以大哥魯佛斯為榜樣，所以一直被視為廢奴主義者，他可能以為光憑這一點就足以讓他對阿加西的想法免疫。

從水中世界獲得無盡慰藉

大衛和潔西搬進了距離科學大樓不遠的一間小石屋，他們把它命名為「埃斯康

＊譯者注：主張人類並無共同的祖先，而是由當地的直立人獨立演化而來。

迪特」（Escondite），這個西班牙語的意思是「藏身之處」。[35]石屋位在一片茂密的尤加利樹林中，夫妻倆便在尤加利樹那混合了松樹和薄荷的清新香氣圍繞下，開始建造他們的人間伊甸園。[36]

大衛種了無花果樹和檸檬樹、火棘樹叢和仙人掌、蘋果樹、罌粟花、南瓜及各種熱帶花卉，這些來自世界各地的各種植物，最終長成了一個擁擠、不協調卻賞心悅目的叢林。[37]他還養了一隻猴子（取名為鮑勃）、兩隻鸚鵡（一隻會說西班牙語，另一隻會說拉丁語）、一窩喵喵叫的小貓，和一隻雙下巴的大丹犬。大衛說當猴子性情穩定時，他會把狗牽繩遞給牠，而猴子就會像騎馬一樣騎著大丹犬滿園子跑。不久之後，大衛和潔西搬進了更大的房子，而他們的奇幻動物園也增加了兩名生力軍——奈特和芭芭拉。

大衛對芭芭拉寵愛有加，她遺傳了母親的黑眼睛，所以大衛很愛用「黑眼睛的清教徒」呼喚愛女，[38]還俏皮地以詩歌的形式問她：「來我跟前吧，告訴我實話，你的黑眼睛來自哪？」當芭芭拉日漸長大，大衛欣喜地發現女兒和他一樣喜愛分類學，父女倆常在校園裡散步，尋找甲蟲、鳥類或花卉來進行分類。某天，芭芭拉在沒人指導的情況下，不假思索地把一隻黑色的鳥兒正確歸類為蠟翅鳥，那時她才七歲。[39] 大衛認為此舉證明了分類技能是會遺傳的，並敦促未來的科學家多多鑽研分類技能的遺傳特性（別理會家中書架上所有的分類學書籍了，對分類學的興趣，顯然讓她更快討得父親的歡心）。大衛甚至在回憶錄中犯了為人父母者的大忌，直誇芭芭拉是他所有孩子當中，最可愛、最聰明、最好看且最討人喜歡的那一個。[40]

拜經費充裕之賜，大衛在史丹佛籌組的魚類考察團，終於可以前往他從小便夢寐以求的地方採集魚類，他去了薩摩亞、俄羅斯、古巴、夏威夷、阿爾巴尼亞、日本、韓國、墨西哥、瑞士、希臘，甚至更遠的地方。[41]

在這段時期的回憶錄中，大衛加上了各式各樣的副標題，像是「我跌到谷底了！」、「我參加了夏威夷的烤豬宴！」（驚嘆號雖是為了強調，但不難看出他的心情真的很嗨），還有「日式幽默」、「滿月節」、「響尾蛇落水了」、「回到薩摩亞的帕果帕果（Pago Pago）」、「鯊魚和鯊魚」、「咒罵升級」、「女士懺悔了」以及「施壓」。而標題為「潔西小姐見到的鷹頭獅」的內容其實是個噱頭，潔西在這趟薩摩亞之行遇到的並非傳說中的生物鷹頭獅（griffin），而是一隻大蝙蝠，大衛把牠認定為「飛狐」。[42]

你會在這些旅行照片上，看到一群頭戴圓頂硬禮帽的人，擠在划艇上，或是抬頭挺胸地站在擱淺的鯨魚、失事的船隻或阿爾卑斯山的峭壁前。當然也有飛魚、鯨魚躍出水面，以及火山爆發的照片。期間還發生了一件嚇壞人的大事：眾人在攀登馬特洪峰（Matterhorn）時，查理．吉伯特的頭部被落石砸中，趕忙由嚮導背下山，幸好他大難不死活了下來，[43]大衛坦承他這次真的嚇到了。[44]

大衛的團隊從新水域帶回一桶又一桶罕見的魚，包括鱸鰻、電鰩、肺魚、豬齒魚、燈籠魚、海馬、斧頭鯊和比目魚，全都泡在乙醇裡保存。而眾人的命名方式也越來越有創意，難看的魚就用敵人的名字命名，漂亮的魚則跟朋友同名，甚至藉此向他們的領袖致敬，例如：從夏威夷水域捕獲的一種紅色小魚，被命名為喬氏絲鰭鸚鯛（*Cirrhilabrus jordani*），其他以喬丹命名的魚還包括喬氏笛鯛（*Lutjanus jordani*）、喬氏喙鱸（*Mycteroperca jordani*）、喬氏蟲鰈（*Eopsetta jordani*）。他們發現的新魚種總數近千，在人類數千年的歷史中，只有大衛的團隊能夠發現這麼多種沒見過的魚。

在大衛的夢幻人生中，唯一的汙點竟是當初讓他夢想成真的那位女士，珍．史丹佛。大衛就任校長僅一年，利蘭．史丹佛就去世了，換成珍獨攬校務大權，而珍並不完全信賴這位大塊頭校長，[45]她對大衛在採集魚類投入的大量時間和金錢表示關切，並希望史丹佛大學能向其他領域發展，例如……在可以跟亡者交流的通靈學展開科學研究！[46]十九世紀末期，科學家發現了X光、電子及放射性，珍非常希望這些技術能在與亡靈接觸方面帶來重大突破。

大衛覺得珍的想法很荒謬，而且揭穿靈媒的謊言正是他喜歡的消遣之一，[47]為此，大衛經常參加舊金山的各種降靈會，想弄清楚這些「騙術」是如何運作的。[48]他揭穿他們戴了假鬍子，靠著隱藏的電線、磁鐵、喇叭和氦氣等工具，來幫忙完成他們的騙人戲法。[49]所以大衛根本不可能把珍的請求當一回事，反而開始在雜誌上發表文章，毫不含蓄地斥責那些相信這類江湖把戲的人。[50]《科學》（*Science*）和《科技新時代》（*Popular Science*）都曾刊登大衛撰寫的諷刺文章，他毫不留情地嘲諷那些聲稱發現「原子的靈魂」或經歷過「靈魂出竅」的人是江湖騙子，他甚至為這個領域取了個名字——「假知識」（sciosophy），認為他們是以假科學和哲學之名進行詐騙，他嚴詞抨擊：「假知識完全不需要動用精密儀器、邏輯、數學、望遠鏡、顯微鏡和解剖刀。」[51]他還揶揄他們：「畢竟人生苦短嘛，想要快速得到答案乃是人性。」

大衛真正要奚落的對象，並不是輕易從人們身上騙取金錢的江湖騙子，而是輕信謊言的受害者，他認為這些人思慮不周，硬要相信明知是不實的事情，[52] 此舉將會為我們的社會帶來巨大的痛苦。[53]

至於珍．史丹佛是否曾經讀過這些文章，然後「一不小心」把文章從她的辦公桌掃到地上，藉此發洩怒氣，這我就不得而知了。

無論如何，頭戴貴婦禮帽、身穿維多利亞式黑色長禮服，在校園裡四處走動的珍，很可能成了大衛的眼中釘。每次碰到大衛，珍幾乎都會對大衛的領導風格提出新的批評，她也對大衛的人事任用感到不滿，指責他任人唯親，[54] 還說理學院的那幫人是大衛的「寵兒」。[55]

儘管大衛經常要面對珍的批評、侮辱和痛苦的鞭笞，但他總能從魚那裡獲得慰藉，他相信那廣大的水世界所提供的無盡安慰，遠勝於酒精或毒品。每次發現新的魚種，每趟新的採集行程，每次幫宇宙間的無名物種命名，都會讓他心花怒放。**就像品嘗舌尖上的蜜糖，能令他萌生自己無所不能的幻想；萬物井然有序多麼令人開心，而幫物種命名則是最好的膏藥，能抹去大衛的所有傷痛。**

第 5 章

罐子裡的《創世紀》

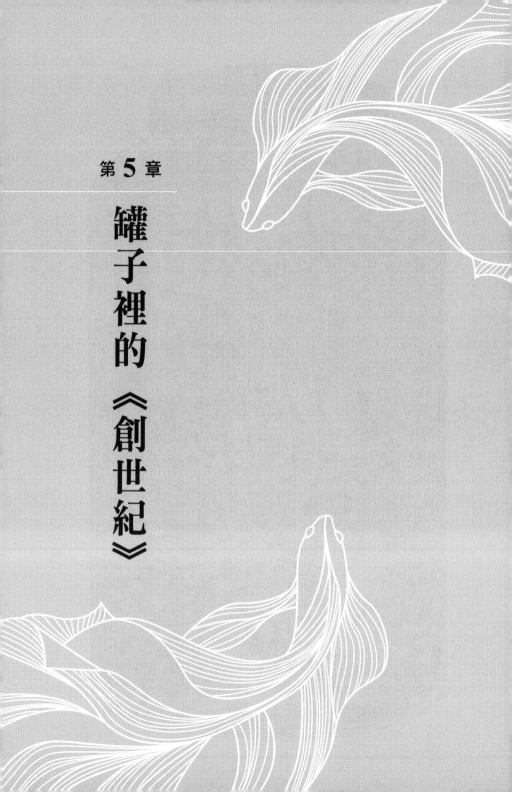

曾有哲學家提出這樣的觀點：某些事物要等到獲得名字後，才會真正存在。該理論認為，像正義、懷舊、無限、愛情或罪惡這類抽象概念，並非存在於虛空中等著人類發現，而是等到有人幫它們命名時才瞬間出現的。在名字被叫出來的那一刻，這些概念就變成「真實存在」的事物，也就是說，它們從此便可以影響現實了。我們可以宣告開戰、停火、破產、戀愛、清白或有罪，並藉此改變人們的生活軌跡。名字本身擁有巨大的力量，像一艘船把概念從想像世界載到凡間。該理論還認為，概念在獲得名稱之前，泰半處於沉睡狀態。[1]

但很多人對此理論不以為然，他們以數學為例提出反駁，難道在我們命名之前，數字就不存在？不服氣的話，就找出一個沒有π的圓給我看。

還有很多哲學家進一步詮釋這個令人難以捉摸的理論，例如維吉尼亞大學的哲學家川頓·梅里克斯（Trenton Merricks），幾乎對所有事物的存在都持懷疑態度，就連椅子這種具體擺在眼前的東西他都懷疑其存在！[2]他能認同自己坐在粒子上，但這些粒子構成了「一把椅子」嗎？他不這麼認為。

他不相信椅子、手套，也不相信人類對地球上大多數物體的分類，而他的孩子從小就在這種知識的薰陶下長大。在一次前往蘋果園的校外教學活動中，他的女兒走到他面前，要他當著家長和學生的面回答，他們所乘坐的這輛乾草馬車是否存在。他窘迫地左顧右盼，試圖迴避這個問題，但是當他女兒使出殺手鐧，直接逼問他：「這輛乾草馬車是存在的，是真的還是假的？」他竟低下頭回答：「假的。」

梅里克斯說，他知道自己的觀點很難獲得別人的認同，如果你碰巧與他搭同班飛機，他絕不會告訴你他在研究什麼：「我會避免聊到最容易招人訕笑的話題，但我真心認為我的想法並不瘋狂。」他的觀點其實很簡單，人腦沒有好到能區分世間萬物，我們為事物取的名字就經常出錯，「奴隸」是不配擁有自由的次等人嗎？「女巫」就必須被燒死嗎？他對椅子也是抱持相同的立場，**人應保持謙遜，並對生活中深信不移的基本事物保持警惕**：「我認為人如果想進步就得這樣。」

我明白他的意思，當我坐在他那未必存在的辦公室裡訪問他時，我真的頗能理解他的想法，也覺得那樣的想法很重要。但是當我漫步在校園裡，看著橘黃色的樹葉在我面前優美地轉圈落下時，我的認同感也隨風飄散，椅子當然是存在的，樹、樹葉、還有愛情，全都是真實存在的！

世上當然有真實存在之物，而且不需要人類用語言讓它活起來。

一條魚哪會在乎有沒有分類學家，來把牠貼上「魚」的標籤，不管有沒有這個名字，牠都是一條貨真價實的「魚」……

對吧？

我說的沒錯吧？

或許有朝一日我能理解他的想法。

標本與命名

可以確定的是，分類學家也頗重視命名這件事，當一個物種第一次被命名時，這個標本就會被放進一個特殊的罐子裡，並獲得相當尊榮的待遇——在官方的科學紀錄上，它被認定為該物種的唯一憑證。標本的分類學術語叫「模式」（type），而這個神聖的標本（holy type）就被稱為「正模式標本」（holotype），這兩個同音異形的英文字讓科學家很樂。

這些正模式標本也跟聖物一樣被存放在安全的地方——世界各地的博物館或學術機構。例如世上第一隻洛蒂斯藍蝴蝶（*Lycaeides idas longinus*）的標本，就保存在哈佛大學的比較動物學博物館裡；而體型不大、有著馬賽克圖案，且如今已經絕種的白堊紀海星（*Marocaster coronatus*）標本，則保存在法國土魯斯的自然歷史博物館裡。這些正模式標本通常放在密室中，不對外展示，但只要你誠懇地提出請求，對它們抱持應有的敬意，說不定館方就願意破例拿給你看看。這樣你就能站在它們面前，親眼目睹罐子裡的《創世紀》，大氣也不敢喘一下。

關於正模式標本，有個非常重要的規定：正模式標本如果遺失了，絕不能隨便拿一個新標本湊數，放進那神聖的罐子裡。絕對不能這麼亂來，此損失將被致敬、哀悼和緬懷，這個物種分支將永遠被玷汙，因為選中的替代品將被降級為「新模式標本」（neotype）。

新模式標本，是當某個物種的正模式標本遺失或毀壞後，新選出來代表該物種的替代品。

看來就連科學家也不能免俗地需要儀式感。

此刻的我正要前去觀看整個海洋中，唯一一種被大衛．斯塔爾．喬丹選中並「賜姓」的魚。

這個珍貴的正模式標本收藏在距離華府約三十多公里外，一座規模龐大且門禁森嚴的標本館內，它隸屬於知名的史密森尼學會（Smithsonian）。

為了保護標本，館內溫度很低，且不受氣候的影響，外牆上沒有幾扇窗戶。館內瀰漫著刺鼻的乙醇味，還混雜了些許的松樹香與透明膠帶的氣味。

與我同行的是兩位受僱於政府的分類學家，他們的脖子上都掛著證件。

最先經過的是有蹄類動物區，巨大的角和蹄子伸出抽屜外。接著是爬行動物大廳，其中有些標本的尾巴居然和地毯一樣長。最後終於來到擺放魚類標本的區域，眼前是一扇上鎖的大門，其中一位分類學家快速鍵入一組密碼，我們隨即進入一個看起來頗像圖書館的房間，只不過架子上擺放的不是書，而是大小不一的玻璃罐。

每個罐子裡至少有一具腫脹的屍體，漂浮在黃色的液體中，一條巨大的鰻魚經折疊後塞進玻璃桶裡，看來就像一塊巨大的彩帶糖。另一個小罐子裡裝滿了小不啦嘰的鱂魚，看起來就像一罐醃酸豆。還有些魚長得像蠍子，有的像橡膠製的毛毛球玩具（Koosh ball），有的像老人，有的像錫箔紙做成的折紙。真的很難想像這些傢伙竟是人類的祖先，一想到人類跟魚在胚胎階段幾乎一模一樣，便覺得很不可思議。

最後，我們終於來到我想要看的那個編號五一四四四的正模式標本，它是一九〇四年由大衛・斯塔爾・喬丹在日本海岸發現與命名的尖棘鬍八角魚（*Agonomalus jordani*），[3]只見一條黑色的小龍躺在一個梅森罐的底部。

其中一位分類學家擰開蓋子，用一把金屬鑷子伸進罐子裡，夾住那條小龍，然後把它舉到空中看了一下，小龍的黑色鱗片在明亮的燈光下閃閃發光，有幾滴乙醇溶液滴到合成地毯上，接著她居然把小龍放到我的手掌上。

我萬萬沒想到竟能觸摸如此神聖的東西，這條小魚的身上長著鋒利的棘刺，要是用力按壓恐怕會被刺出血來，幸好我忍住了這麼做的衝動。我撫摸著把名牌繫在魚皮上的線結，它是那麼地結實，歷經百年的歲月依舊完好，真好奇那是不是大衛親手打的結。這小傢伙的鼻子上有倒刺，身體像螺旋樓梯一樣蜷縮，魚鰭則像龍的翅膀，呈鋸齒狀且相當鋒利。八角魚科是相當出名的捕獵高手，牠們會躲在海草裡跟蹤獵物——小螃蟹和小蝦，然後用牠的巨大胸鰭，也就是牠的龍翅，以迅雷不及掩耳的速度攻擊獵物，可憐那些甲殼類動物至死都不知道凶手是誰。

我心中有股不安的情緒，我很納悶，大衛曾捕獲上千條的魚，為什麼偏偏要賜姓給這條魚呢？牠的外型確實令人驚嘆，但也像荷蘭版畫家M．C．艾雪（M. C. Escher）的畫作一樣令人感到害怕。這條魚的外形似乎不符合物理定律，當你用手指把牠的輪廓摸一遍，竟找不到幾何學上的折角。其實這點從牠的屬名即可得知，因為希臘語的「Agonomalus」就是「無角」的意思，A是「沒有」，gonias 是「角度」。分類學家在很久以前就發現，這種魚的形狀違反了物理定律，把牠取名為喬氏無角魚，是否暗示牠就像一條莫比烏斯環（Möbius strip）*，看似有兩面，但不知何故實際上只有一面，兩面之間竟找不到分界。

為什麼大衛覺得這種魚可以代表他？這算是一種告解嗎？因為牠如實反映了一個人見人愛、事業有成且聲譽卓著的和善男子，其實有著不為人知的陰暗面？這我就不知道了。

* 譯者注：由德國數學家莫比烏斯（August Möbius）發現，是只有一個表面和一條邊的立體幾何形狀。

暴風雨前的寧靜

我只知道，大衛帶回來的魚標本越多，宇宙對他的打擊就越殘酷。之前大衛與混沌之力搏鬥時，宇宙不僅奪走了他的妻子蘇珊和次女索拉，就連他的好友赫伯特．科普蘭也沒放過，大衛找他來幫忙發現北美洲的新淡水魚，但這個大鬍子壯漢卻在印第安納州的白河採集魚類時，不慎落水而亡，大衛寫道：「這位我很早就認識且最親密的老友，就這樣與我永別了，他是我認識的人當中頭腦最好的一位。」[4] 但悲劇並未就此結束，赫伯特過世後不久，大衛的一位愛徒查爾斯．馬凱（Charles McKay），也在阿拉斯加尋找新魚時失蹤了。[5] 接著，另一名學生查爾斯．博爾曼（Charles H. Bollman）在喬治亞州南部的奧克芬諾基沼澤（Okefenokee Swamp）採集時感染了瘧疾，而且很快就死了。[6]

至親好友接連過世，是否曾讓一心追求宇宙秩序的大衛有過一絲躊躇？完全沒有，大衛的招牌做法是，**遭到混沌之力打擊時，他就加倍奉還，更用力回擊**。他發明了更多更激進的捕魚手段，包括用炸藥炸魚，或是用錘子敲打珊瑚。[7] 而其中最具巧思的做法，則是用毒藥捕捉潮汐池石縫中的成群小魚，[8] 只要撒幾撮毒藥，不一會兒就能看見一群杜父魚、海星和鰕虎魚的屍體浮上水面。

在這些方法的助威下，大衛再次上演「新發現的魚種多到來不及命名」的戲碼，而各式各樣千奇百怪的魚屍標本，也在他的實驗室裡越堆越高。他再次感到胸中熱血澎湃，舌尖也再次嘗到蜜糖的香甜，這全得歸功於他再次幫宇宙變得井然有序。

殊不知世界正處於暴風雨前的寧靜，宇宙很有耐心地等著，準備證明他錯了。

一九〇〇年，混沌之力找上了芭芭拉，她是大衛的心頭肉，也是跟他一樣熱愛分類學的前世情人；她那雙漆黑的眼睛，總讓大衛聯想起他們一起共度的快樂時光：一起漫步埃斯康迪特，一起看猴子騎著狗在他們身邊玩耍，一起尋找和辨識鳥類與植物，一起編故事。

不過她也不是對老爸百依百順，兩人甚至曾經為了事物的存在本質而展開辯論，大衛回憶道：「有一次我跟她在花園裡散步，我反覆念著萊利（Riley）的詩句，『如果你不留神，妖精就會把你抓走』，但她說『世界上根本沒有妖精這種東西，過去沒有，未來也不會有』。我說『或許吧』，但我隨即模仿哲學家喬治．伯克萊（George Berkeley）的唯心主義論調，對她說『世上並不存在任一物』。她又立刻反駁說，『有的，世上確實有任一物』。她環顧四周，尋找一個無可爭議的實物，然後得意地說『眼前不就有南瓜這一物嗎』？」[9]

九歲的芭芭拉染上猩紅熱的那天，大衛正在日本捕魚，他雖然立刻趕回家，但人剛到舊金山碼頭就得知晚了一步，[10]大衛形容這件事情是「對我們夫妻最殘忍的傷害」，他如此寫道：「我們被打擊得不成人形，被奪走了生命中最耀眼的光。即便是二十年後的今天，那傷口依然像是昨天才發生的，令我痛徹心扉。」[11]

在如此悲傷的時刻，唯一能帶給大衛些許寬慰，讓他有動力活下去，且能讓他暫時分心的東西是什麼？就是他的魚啊，所以大衛又返回廣大的水域和海洋，尋找更多更多的魚。

「當人們感到力不從心時，強迫性的收藏行為能幫他們心情變好。」

一個新物種的誕生

不幸的是，來找碴的不光是混沌之力。當大衛年近半百、唇上剛竄出第一撮白鬍子的時候，穿著黑色長禮服的珍．史丹佛仍沒放過大衛，她繼續對大衛表達不滿，質疑他的一舉一動，還打算把他從魚群中拽出來。她對大衛的領導能力深表關切，指控他任人唯親、揮霍無度，後來甚至指派一名眼線監視大衛。[12] 此人鬍鬚茂盛但頭上無毛，名叫朱利斯・戈貝爾（Julius Goebel），在德語系擔任教授；[13] 珍指示戈貝爾記錄大衛的活動，若有不當之舉就立即向她報告。

芭芭拉夭折才過了幾年，眼線就抓到大衛的小辮子，其實問題出在大衛的愛徒查理・吉伯特身上，查理本是大衛的學生，後來成為一起四處捕魚的夥伴，最後甚至當上史丹佛大學動物學系系主任。查理不但從山難幸運撿回一條命，而且還結了婚，卻跟學校裡的一名年輕女子搞起了婚外情。他們的不倫戀被一名圖書館員發現，此人找到大衛，並要求他開除查理，但大衛不肯照辦，查理可是個聰明絕頂的分類學家！大衛竟反過來威脅圖書館員，如果他膽敢向其他人透露隻字片語，他就會「被送進專門囚禁性變態（暗指同性戀）的精神病院」。[14]

此舉順利讓圖書館員閉上嘴，他主動辭職離開史丹佛，但不知何故，珍的眼線得知整件事的來龍去脈，並正式寫了一封信向珍報告，戈貝爾在信中指責大衛為了護友而「洗白」一樁性醜聞，而且這絕非特例。[15] 戈貝爾還說大衛把大學當成「幫派」管理，教職員工都不敢跟他唱反調，生怕會掉腦袋。在報告信的最後，戈貝爾直接向珍提出請求：「如您所說，像這樣的情況實為學界之恥，必須立即糾正，才能真正落實您想把史丹佛打造成一所偉大學府的計畫。」

珍是怎麼做的呢？這個被大衛認為在道德和智力上都不如他的女人——靠著來路不明的錢建立了史丹佛大學這個帝國，隨隨便便就被江湖術士騙得團團轉，相信自己能與死去的兒子取得聯繫——她竟然寄了一封簽名信給史丹佛大學的資深信託管理人，聲稱她早就看不慣大衛的失德行為了。[16] 到了一九〇四年底，學者路德．斯波爾（Luther Spoehr）指出：「坊間關於史丹佛夫人打算換掉喬丹校長的說法，已經傳得沸沸揚揚。」[17]

但沒想到翌年年初的某個晚上，珍竟然在夏威夷旅行時意外去世了，[18] 看來宇宙總算放了大衛一馬。

珍死後，大衛立刻開除了擔任眼線的戈貝爾，[19] 並在無人反對的情況下，安排了一趟自肥之旅，帶著潔西暢遊歐洲各地。[20] 他們造訪了倫敦的大教堂、法國的薰衣草田、瑞士阿爾卑斯山的蒼翠美景。兩人還乘船慢遊德國的莫瑟爾河（Moselle）多日，觀賞和品嘗跟在船尾的各種水生動物。

後來，他們回到加州的家中，女兒不在了，但多了個小兒子艾瑞克——他們在芭芭拉去世數年後生下他的。這年秋天，艾瑞克即將滿兩歲了，大衛發誓要保護他平安長大。

大衛重新投入工作，每天早上都會從老師的雕像下走過，從事他眼中「最高級的傳教工作」。他手持解剖刀，從玻璃罐裡取出一個未知物種的標本，在明亮的燈光下注視牠，檢查牠的牙齒、魚鰭和鱗片，最後切開魚皮，發掘其中的祕密。大衛還要在這些標本的骨骼和器官中尋找線索，弄清楚物種的輩分、生命的前進方向，以及牠們經歷了哪些嘗試，才得以演化成人類，還有促進演化的祕訣是什麼？燈籠魚究竟如何發光？海星的肢體如何再生？飛魚如何飛起來？我們可以參考牠們順應環境所做的哪些改變來減少痛苦，並將人性提升到新的高度？

大衛會仔細檢查每種生物的內臟、神經和韌帶、魚鰾、膽囊、骨骼和眼球。他還會盯著錯綜複雜的魚腦，一看就是好幾小時、好幾週，甚至是好幾年，直到他確定自己弄清楚眼前這個生物。接著，他會掰動手指關節，弄得劈啪作響，或是放鬆一下脖子，吸幾口地球上的新鮮空氣，然後說出牠的名字，那是個前所未有的名字——尖棘髭八角魚，而一個新的物種就這樣誕生了。

為了留下一個「此物由我發現」的記號，大衛會把這個神聖的名字打印在錫片上，然後把名牌和標本一起放進玻璃罐裡，最後擰緊蓋子。就這樣，又一個宇宙角落被發現了，大衛會把這些「戰利品」像獎杯一樣展示出來，經由他整理出來的宇宙秩序越來越多，最後居然堆到了快兩層樓高。

第 6 章

天崩地裂

一九〇六年四月十八日，凌晨五點十二分，舊金山的地牛翻了個身，大衛寫道：「在不到一分鐘的時間內……山峰裂開，不知深達幾公里，但很快又合攏起來，彷彿什麼事都沒發生過！」[1]這是大衛．斯塔爾．喬丹試圖從地質學的角度，來理解他這輩子遇到的又一次重大打擊——一九〇六年的舊金山發生芮氏規模七．九的大地震，[2]雖僅短短四十七秒，[3]卻造成市內大片區域坍塌，隨後還發生爆炸和大火，死亡人數超過三千人。[4]

但當下大衛並不知道這些狀況，他是被地震搖醒的，那搖晃的劇烈程度「就像老鼠被狗咬住猛甩」。[5]他立刻衝向艾瑞克的房間，生怕他跟芭芭拉一樣，也被宇宙奪走性命。大衛邊跑邊大聲呼喚已經十八歲的大兒子奈特，那晚他一直睡在屋頂上，樓下的客廳傳出陰森恐怖的樂曲，那是掉落的天花板碎片砸在鋼琴琴鍵上發出的聲音。[6]幸好小艾瑞克安全地躺在床上，大衛立刻把他抱入懷中，並衝向樓梯，他寫道：「但樓梯劇烈晃動，根本無法輕易走下樓。」[7]

當大衛、潔西和艾瑞克最後終於平安來到室外，卻感受到一種奇怪的平靜，他說：「鳥兒已經開始歌唱，大自然竟厚顏無恥地展現春天的氣息，像是全盤否認剛剛發生了一場大災難。」[8]

片刻之後，奈特跌跌撞撞地跑過來說，整個大學都「完蛋了」，[9] 大衛緊緊抓住搖晃的欄杆扶手，看著那個砂岩王國裡的城堡像骨牌一樣倒下，他形容：「美麗的教堂鐘塔和它那優雅的飛扶壁都塌了，紀念拱門也倒了，石塊『像泉水般』噴飛；尚未完工的大圖書館及快要完工的體育館，因為沒有足夠的鋼筋支撐而搖搖欲墜，然後像紙牌屋一樣倒下。」[10]

驚魂甫定的大衛這才想起，自己是這個崩潰王國的統治者，於是匆忙趕往校園。

這時還不到早上六點，被地震搖醒的學生像野餐籃裡的螞蟻般，從宿舍蜂擁而出，茫然地站在草坪上，想從彼此的目光或肩膀尋求安心，確認自己還活著。大衛匆忙跑過，途經掉落地上的飛扶壁和迎賓拱門的碎石瓦礫，以及他後來才得知的——被落下重物砸中身亡的罹難者屍體。[11] 被震翻到地面的水管，正不斷噴出蒸汽並發出咻咻聲，地上還有冒著火花的電線，但大衛一刻不敢耽擱，直奔他的千魚神殿。

大衛形容自己「忐忑不安地」穿過大門。[12]

該怎麼描述眼前的情況呢？

就想像你三十年的心血被砸了一地吧；那是你每天所做的事情，你在意的一切，你每天傻傻追求的那些瑣事——明明不重要，你卻希望它很重要；你好不容易取得的所有進展，全部變成碎片散落在你腳下。

情況大概就是這樣。

遍地都是魚屍和碎玻璃，扁身的鰈魚被落下的石塊砸得更扁，鰻魚被架子切成好幾段，河豚被玻璃碎片刺破，室內瀰漫著刺鼻的乙醇和魚屍味。但這遠非最糟糕的情況，雖然有近千個魚標本完好無缺，但標示其神聖名字的名牌卻飛散到實驗室的各個角落。在那四十七秒鐘裡，《創世紀》被逆轉了——大衛精心命名的魚又變成身分不明的未知物。

但這還不夠悽慘，當大衛跌跌撞撞地走到外面，想要向他的老師尋求指引時，卻看到下一頁這樣的景象——

L. AGASSIZ

地震讓路易・阿加西的雕像「一頭栽進」混凝土地裡，[13]這個畫面實在太搞笑了，倒栽蔥的他雙腳朝天，但大理石雕的手裡仍握著一本科學書。他本以為那是通往秩序之路，誰知最終的結局竟是讓他的頭埋進沙裡（話說混凝土不就是摻了水的沙子嗎）。

如果我是這部劇的導演，才不會把場面搞得這麼悽慘，但這就是宇宙想要人類明白的教訓，宇宙要傳達的訊息很明確：「我才是老大。」[14]

換作是我，到了這個地步肯定會放棄，我的老師被嘲弄，我的夢想被摧毀，數十年的堅持到頭來成了一場空，我會跑到地下室低頭認輸。

一根針的抵抗

那大衛是怎麼做的呢？

這位一心只想看清世界真面目的科學家會怎麼做呢？地震發出的訊息很明確：混亂無序乃是世界運行之道，且沒人能阻止，大衛聽到了嗎？

顯然沒有，這個了不起的傢伙，竟然抄起縫衣針，直接插入人類主宰的喉嚨。把名牌直接縫在魚身上，這個點子是從哪兒來的？難道是大衛從童年時把碎布縫成百衲毯得到的靈感？還是別人獻的計策？同事？學生？妻子？

我不知道，很遺憾我沒能找到這個做法的出處。他未必是世上第一個把名牌直接縫在標本上的分類學家，我們只知道大衛決定更改魚標本和名牌的處理方式，而且從那些向外界求援的信件中可以看出，大衛迫切希望讓亂成一團的魚標本儘快恢復秩序。他要求「木匠幫架子釘上木板條，防止標本瓶掉落」，要求「提供更多乙醇以保存魚標本」，[15] 要求「加裝鋼牆和架子的加固裝置」。[16]

但外界的回應不夠快，乙醇遲遲沒送到，[17] 散落在地板上的魚標本，極易受到環境侵害，開始脫水和變質。大衛只得請同事出手相助，用他唯一能想到的搶救辦法——幫魚標本補水。

「斯奈德教授和斯塔克教授日以繼夜地使用水管，幫躺在地板上的魚標本殘骸澆水。」[18] 這是我讀過最動人的描述，出自一個我想不到的地方，由波爾基（J. Böhlke）所寫的《史丹佛大學自然歷史博物館新進魚類標本目錄》（*A Catalogue of the Type Specimens of Recent Fishes in the Natural History Museum of Stanford*

University），刊登在《史丹佛魚類學會會刊》（*The Stanford Ichthyological Bulletin*）第五卷。

澆水工作從早到晚進行著。日以繼夜地進行著。

從日升到日落，日落復日升，大衛的兩名同事穿著雨鞋，不停用水管幫一堆魚標本澆水，如果這還不算堅持不懈，那什麼才是？他們臉上露出猶豫的表情，大衛在外面忙得人仰馬翻，雖然他們不確定該怎麼做才能把亂局收拾整齊，但起碼當務之急是讓魚標本保持溼潤。大衛忙著安撫憂心忡忡的父母、飽受驚嚇的學生、六神無主的大學會計師，同時還要向遠方的同事瘋狂求援，請他們趕緊寄來乙醇。大衛忙得不可開交，他讓學生睡在室外的草坪上，因為許多人看到牆壁或避難所都會害怕。[19]他還要張羅著讓罹難的朋友和同事入土為安，塵歸塵、土歸土。有時塵埃會像休兵似地暫時落定，但不久後又挾帶著蟎蟲、腐胺（putrescine）*和細菌，衝向大衛實驗室的窗戶，威脅著要開始那不可逆的腐爛過程。

* 譯者注：一種有機化合物，由生物活體或屍體中蛋白質的胺基酸降解所產生，是腐敗物質產生惡臭的主要原因之一。

所以他們不敢懈怠，持續地幫魚標本澆水。

或許就是這樣毫無章法的堅持才美。或許這終究不是瘋狂之舉，或許這就是心中暗自相信美好的一種表現，你相信人世間自有一股溫暖，你知道它並非遠在天邊，而是在於人心，或許這算得上是一種信任吧。

在這傾瀉而下的冷冽燈光中，那個扭開超過四十八小時的水龍頭，看來竟有股令人肅然起敬的氣勢。

幸好終於有一批乙醇抵達，大衛匆忙趕到實驗室，幫同事整理地上的魚，瞧那魚鰭……有人知道它是從哪兒來的嗎？還有這些黃眼框的魚，有辦法讓牠們物歸原「種」嗎？這是一項幫魚認祖歸宗的大工程，地上還躺著許多不確定名字的標本，要是連分類學家都無法幫牠們驗明正身，這些可憐的魚就不算存在啦。

大衛拾起一隻還在滴水的棕色鮭魚，牠跟大衛的手掌一樣寬，背上有紅色的斑點、尾巴分叉，大衛盯著牠那大理石般的黑眼睛，在記憶的迷宮中翻找著，畢竟他在全球各地跑了那麼多趟。他心想：我能想起你的名字嗎？我能想起你是在哪裡翻騰著身子慢慢死去，然後成為我的收藏嗎？是在魚網裡？還是在魚叉上？他想了好一陣子都沒答案，忍不住瞇起了眼睛苦思。

最後他只好放棄，然後把牠沖進馬桶或扔進垃圾桶裡。我不知道他究竟失敗了多少次，但他肯定扔掉過一條魚，然後又扔了一條、一百條、一千條。哪怕只是一次小到不行的記憶失靈，但只要失敗一千次，就會有一千條魚被扔掉。[20]

大衛的創新之舉，是被這些沮喪激發出來的嗎？

我不知道，所以我只能憑空想像當初他刺下第一針時的情景：大衛認出了一條長得很像鯷魚的魚，雖然在我眼裡那就是一條普通到不行的魚。他一手抓住這個小傢伙，像珠寶商在鑑定鑽石似地，另一手則拿著針蓄勢待發。大衛認出了什麼？牠背上淡淡的虎紋？銀色的眼框？那對透明的小腹鰭？他是否想起了那條小魚為了躲過他的網，瘋狂地擺動那對宛如玻璃紙般的腹鰭，飛過紅樹林的樹根，越過泛起漣漪的沙灘，穿過溫暖的碧藍海水……那是哪裡呢……巴拿馬！沒錯，就是那兒，這下他很確定，手裡拿的是世上獨一無二的巴拿馬埃弗曼鰕虎魚（*Evermannia panamensis*）的正模式標本！[21]

收藏紀錄顯示，這是在地震時從玻璃罐中摔出來的正模式標本之一，差點就要從科學名錄上消失，幸好稍後被找了回來，而且再沒離開過。

大衛把針穿好線，然後把針刺過鰕虎魚的喉嚨，再從另一側穿出。[22] 他直接把名牌固定在魚身上，然後這個生物就立刻回到人間了，巴拿馬埃弗曼鰕虎魚！拜大衛的堅持不懈之賜，硬是讓一絲混亂恢復了秩序。

被蛀蝕的信念

那些時候大衛是如何安慰自己的？當他在清掃畢生心血摔成的滿地碎片時，當他忍痛扔掉認不得的魚標本時，當他在地震過後的當晚，哄小兒子艾瑞克睡覺時，他想必心知肚明：閃電、細菌和地牛一直在伺機教訓他，它們的「兵力和時間」都很充裕，他究竟說了些什麼來激勵自己，才不會被那種徒勞無功的感覺壓垮？

我真的很想知道答案，捲髮哥離開我已經三年了，世界依舊默默地轉動著。我曾在某人的婚禮上見過他一次，我們抱了一下，我沐浴在他散發出來的肉桂香，但僅此而已。不過我一直盼望著，盼望有一天我們之間的裂痕能修復，盼望我們的愛強到經得起我的背叛，以及多年的分離，但其實我倆已經不再那麼熟悉彼此了。**對某些事情抱持信心，相信這世上存在著超越言語和行為的事物，這種感覺很好，即便那份信念已經被懷疑之蟲蛀得坑坑疤疤的**。

這幾年，我離開了紐約，辭掉電台記者的工作。搬到維吉尼亞州，還去上了小說寫作課，希望能找到心靈的寄託。我試著從各種角度反覆抒發我的困境，我寫了一個鰥的故事，這個自戀的傢伙不明白愛人為何會離開自己；我還寫了一個女人的故事，她的男人跑了；我又寫了一個女人的故事，她跟牆壁建立了非凡的友誼。

當我回到麻州老家過節時，我的兩個姐姐會用各自的方式幫我打氣，要我放下過去向前邁進。我二姐會用力捏我的肩膀，要我想起自己的力量、振作起來；我大姐則是用手指輕觸我的肩膀，動作輕得像在觸摸天鵝絨——我想，那是不想再給我增加任何痛苦的意思。有一年，我甚至沒回家過耶誕節，因為我不想面對餐桌旁少了捲髮哥的身影，也不想面對姐姐們擔心的眼神。我留在維吉尼亞州，打算去爬我最喜歡的那座山，卻發現下雪封山了，我坐在藍色的鐵門旁打算欣賞夕陽，卻只看到一團濃霧。

我在夏綠蒂鎮（Charlottesville）的公寓裡有好多個咖啡杯，每杯熱騰騰的咖啡都承載著殷切的期盼，希望我能文思泉湧，寫出一個好故事、一封情書、一句咒語，帶我走出困境。可惜希望總是落空，每天晚上咖啡杯都會塞滿菸灰，重到我都舉不起來。咖啡杯逐漸在窗台上堆積，等到我完成論文時，這個有著黃色牆壁的閣樓裡，已經瀰漫著一股沉甸甸的土味。

後來我搬去芝加哥，我的朋友海瑟說，我可以在她家的客房住上幾週，想想下一步該怎麼做，我真的好感謝她。我喜歡芝加哥，它雖然冷，但是在這裡我可以隱姓埋名，想當什麼人都行。我穿上匡威（Converse）球鞋，走在帶著微微碳酸味的沙子步道上，我觸底反彈了，感覺自己掙脫了束縛，想當誰就當誰；不是出軌者，也不是憂鬱症患者，更不是遭到天譴的人，而是一個待在家裡就很開心的人。

但是當海瑟去位在城市另一頭的男友家過夜時，看著透過窗戶照進屋裡的城市燈光，我就會意識到我不可能完全無視現實，無法忽略我的人生十分空虛，**每當希望之光為我帶來溫暖的同時，那空虛就會變得更龐大更寒冷**。

所以我迫切地想要從大衛．斯塔爾．喬丹的所有文稿中，找出他奉為人生格言的那句話，究竟是什麼樣的金玉良言，為他提供了前進的動力，勇敢執行注定失敗的任務？

第7章

堅不可摧之物

幸好我有大量原始資料可以參考，除了大衛的回憶錄，還有數不清的文獻，包括他寫的詩文、日記、諷刺文章、兒童故事、哲學隨筆、魚類採集指南，討論幽默、節制、外交的書籍，以及教學大綱、報紙社論等，相關書籍總計超過五十本，文章則多達數百篇。

我先從他寫的兒童故事開始讀，因為作家往往會透過這些故事表達他個人的道德觀，例如有個故事叫〈鷹與藍尾石龍子〉（後者是一種蜥蜴，而非臭鼬），故事裡的老鷹從天空俯衝下來，咬掉一隻藍尾石龍子的尾巴，受傷的石龍子為了復仇，便爬上鷹巢吃掉牠的蛋：「這些蛋剛好夠我長出一條新尾巴。」牠倆冤冤相報，老鷹又再咬掉石龍子新長出來的尾巴，石龍子隨即竄上鷹巢吞掉更多的鷹蛋，雙方你來我往，彼此都沒能徹底打敗對方，因為就像大衛所寫的那樣：「尾巴肉剛好夠老鷹生下更多的蛋，而鷹蛋剛好夠石龍子再長出一條藍尾巴。」[1]在我看來，這個故事似乎在暗示復仇是徒勞無功的，但也有可能大衛想用一種血淋淋的方式來詮釋質量守恆定律：質量既不能被創造，也不能被破壞。

大衛創作的兒童故事大都帶有灌輸科普知識的特質，它們多半描繪一個幽閉的世界，故事中的角色永遠無法逃脫宇宙的殘酷規則。譬如在另一個故事中，一隻土狼在晚上從窗戶溜進一個名叫芭芭拉的女孩房裡，雙方展開激烈的打鬥，最後芭芭拉抓起一個玩偶，把它塞進土狼的喉嚨，她拚命往下塞，直到土狼打了個噴嚏，並且爆頭而亡（用卡通手法詮釋波以耳定律：體積減小，壓力增大）。[2] 即使是寫給孩子看的書，也不講魔法，而是教他們如何發揮創意，靈活運用冰冷無情的物理定律活下來。

既然在他寫的兒童故事中，找不到信仰的祕方，我便開始讀他針對「假知識」所寫的諷刺文章。大衛本來只是打算寫文章調侃通靈人士，但寫著寫著卻發展出一套義正詞嚴的信條，他指出人們若是「硬要相信明知為不實之事」，[3] 將會導致社會向下沉淪；痛苦、疾病、無知和戰爭，則是相信神鬼之說可能產生的其中幾種後果。[4] 大衛曾於一九二四年在《科學》雜誌上發表一篇名為〈科學與假知識〉的文章，盛讚十六世紀的天文學家喬達諾．布魯諾（Giordano Bruno）是一名真英雄，因為他堅信地球不是宇宙的中心，而被綁在木柱上燒死。[5] 傳說布魯諾在被處死前還嘲諷道：「無知是世上最美妙的科學，因為它得來全不費功夫，還能讓人不傷心。」[6] 大衛特意引述這段話來告誡讀者，如果他們曾經為了快樂，而將令人痛苦的真理拒之於門外，他們就與殺死布魯諾的劊子手無異。

我越來越覺得大衛的生存之道跟我爸好像——時時刻刻都要承認自己很不重要，並用這種謙卑的態度活下去。我在他的作品中幾乎隨處都會看到，他警惕自己不可驕傲自滿，也對非理性的神鬼思想發出嚴正的警告。例如他曾在演化論的課程大綱中，偷偷夾帶了一整段關於人類無力對抗宇宙法則的內容：「大自然根本沒把人類放在眼裡。」[7]他寫道：「篡改宇宙定律是不可能的……她的法則永遠無法改變……妄想對抗宇宙大法的人，就像是對著空氣揮棒。」我能想像他在說這些話時慷慨激昂的模樣，他的拳頭想必高舉在空中，但那拳頭能耐宇宙何？

你甚至可以在他論述節制的文章中看到這一點，為什麼大衛如此反對藥物濫用？因為藥物會讓你誤以為自己的力量很強大！他是這麼說的：「藥物會迫使神經系統撒謊。」[8]就像酒精會讓飲酒者在很冷的時候感覺溫暖，還會沒來由地嗨起來，並覺得自己擺脫了正人君子應有的克制和矜持，而感到無拘無束。換句話說，自我感覺良好乃是人格發展的大忌，它會阻礙你進步，令你的發展變得遲緩、道德不夠完備，令你快速淪為無用之人。

如果這真是大衛的世界觀，如果他真的對過度自信如此戒慎恐懼，那他是如何培養出堅持不懈的韌性呢？**在他人生中最不順的那段日子裡，在一切看似不復存**

在、四分五裂、毫無希望的時候，他是如何讓自己站起身來走出家門的呢？

最後，我終於找到了看起來最有可能的線索，那是一本名為《絕望的哲學》（*The Philosophy of Despair*）的小黑書，大衛在書中坦承，當你用科學的世界觀來探尋生命的意義時，它只會告訴你一件事：徒勞無功。他寫道：「我們點燃的炭火最終會熄滅，我們建造的城堡會在眼前消失，河流會從沙漠中絕跡……不管我們走哪條路，都只能用令人氣餒的比喻來描述生命的歷程。」[9]

那我們究竟該怎麼做呢？

大衛是個嚴謹自持的人，所以他的建議是別讓雙手閒著，他寫道：「**積極的戶外生活，能讓心靈的傷痛消失無蹤**，[10]**還能使人健康**。」[11]大衛說人體的生物電能提供救贖，他在這個時期編寫的一份教學大綱中指出：「快樂來自於做事、助人、工作、關愛、奮鬥、征服，還有充分運用身體的功能，以及從事個人活動。」[12]我認為他的意思是別想太多，盡情享受人生旅程，品味生活中的小確幸，例如：桃子的甜美滋味、[13]熱帶魚的絢麗色彩，[14]運動則能讓人體驗到「勇士經歷過嚴峻考驗後的喜悅」。[15]

大衛在書的結尾引述了梭羅的一段話：「要是你不覺得腳下所踩的這塊草皮，

是這個世上（任何世上）最甜美之物，你將毫無希望。」[16]然後大衛送給讀者一帖激勵人心的良藥——把握當下。**「世上再也找不到像今日，此時此地，這麼蔚藍的天空，這麼青翠的草地，這麼明媚的陽光，這麼宜人的綠蔭了。」**

那要是你今天過得很不順心該怎麼辦呢？呃，大衛並不同情這樣的人，他在《絕望的哲學》中提出的結論是：絕望是一種選擇。大衛認為，人在青春期心情煩悶是可以理解的，但一直那樣就不應該了，他嘲笑這種人其實是為賦新詞強說愁的懶鬼，是為了模仿文學作品中的「悲傷國王」，[17]而裝出「情緒低落的樣子」，[18]他指責他們死氣沉沉、滿嘴「硫磺味」（原文如此）。他認為人若不做正事，成天淨想著「人生到頭來是一場空」，沒有善用演化賜予人類的寶貴身體，去感受生命的美妙，與解開各種科學奧祕，根本是在虛度光陰，把自己活成了名副其實的「行屍走肉」。[19]

看到這段內容，立刻挑起我熟悉的羞愧感，每次看到我爸肚子朝下跳進冰冷的湖裡，然後興奮地大喊著浮出水面時，我就是這種心情——為什麼我不能像他活得那麼自在？我到底做錯了什麼？我迫切想要找到答案，所以繼續瘋狂閱讀大衛針對衛生、幽默、外交及和平主義所寫的批評文章，我還讀了他寫的詩、他的演講稿，也沒漏掉他反對酒精、口紅和戰爭的論述，最後在某個下午，我終於找到了。

那個消除恐懼的解藥，那個帶來希望的藥方，竟藏在大衛開設的「演化哲學」課程中，就寫在他的教學大綱裡。他用了一整堂課來開示我百思不得其解的難題：「這樣的人生觀會指向悲觀主義嗎？」[20]在課程即將結束時，大衛教給學生一句咒語，它可以驅散你對混沌之力的恐懼，那句咒語只有短短十二個字：「生命如是之觀，何等壯麗恢弘！」

我嚇壞了，這正是我爸的生存哲學，由達爾文發出的這個精神感召，就掛在我爸辦公桌上方的畫框裡。搞什麼呀？大衛看起來跟我爸截然不同——他反叛、抱持希望、充滿信念，但他並沒有帶給我新的啟發，只是讓我再一次聽到經常被耳提面命的老話：世上有這麼多壯麗恢弘的事物，如果你看不到，那是你的問題。

人的意志決定命運

我決定做最能幫助我燃起希望的事——喝酒，紅酒、啤酒或威士忌都行。我還待在芝加哥，不知不覺間我已經在這裡待了兩個月，現在是十二月了。我是一名自由作者，為某個科學部落格撰稿，也供稿給電台，我寫了各式各樣的故事，包括一個關於蟋蟀暴力的故事，還寫了一個關於人類暴力的故事，我甚至寫了一個關於蝨子暴力的故事。晚上我會和海瑟一起煮飯、看電影，有時去聽演講，但不管做什麼，我一定會準備酒，而且一杯肯定不夠，總要再來一杯，接著再來一杯。我很喜歡酒精帶給我沒來由的溫暖，它能讓我找回久違的笑聲，找回令我綻放笑容的源泉。但是等到隔天早上醒來，我卻會感到格外淒慘，我的臉變得更腫，看來更不討喜，真的。但我只需等待夜暮降臨，到時候我就可以讓一切重新煥發光采。

某天晚上，我在羅傑斯公園附近的一家酒吧遇到老友史丹齊，我們點了黑啤酒後便開始聊起我們的工作，當時她正在做一檔談論詩詞的廣播節目，於是我們聊起了思想與文字的隔閡。看到對方完全不能理解自己說的話，其實挺難受的；有滿腦子的想法，卻不知道如何表達，則讓人覺得好孤單；以及那些看似懂你的人，擁有多麼危險的力量。我還跟她說了我對大衛．斯塔爾．喬丹非常著迷，並提到大地震及縫衣針的事，我說：「我想知道是什麼原因讓一個人能撐過苦難，堅持下去？」

當下她只應了聲「嗯」，令我感覺有點洩氣，但隔天下午她傳來一封好長的電子郵件：

你說的那個故事——那人建造了如此珍貴、如此華麗的聖殿……卻只能眼睜睜地看著那一切化為烏有……他東山再起的意志要打哪兒來？卡夫卡認為每個人的內心深處，都有個堅不可摧之物，不論人們狀態如何，它都能賦予他們向前行的動力。堅不可摧之物並非樂觀，它比樂觀更深刻，也更難以察覺。我們不想看清它的真面目，便用各種符號、希望和抱負做為掩飾，但如果你主動（或被迫）去除那些掩飾，你就會發現那堅不可摧之物。卡夫卡進一步指出，他並不認為那堅不可摧之物是樂觀或正向的，相反地，它其實是能夠撕裂並摧毀我們的東西……

就這樣……

我喜歡這個說法，**堅不可摧之物**，真是個令人開心的概念，它讓我不必回答心中的疑問：苦苦追求一個不切實際的目標，我是瘋了嗎？但它也向我保證，要是我膽敢違背它，它就會把我撕成碎片。不過我覺得它跟大衛・斯塔爾・喬丹不搭，對於傻瓜、浪漫主義者，以及喜歡假扮成悲傷國王的做作鬼來說，它更是一種折磨，因為這幫人心中充滿激情，根本無法認清現實。而大衛・斯塔爾・喬丹恰恰相反，他這一生都致力於掃除那種無法認清現實的激情。

但為了確認我的想法無誤，我決定重讀一遍大衛的回憶錄，有了「堅不可摧」這個線索，我肯定能從大衛的敘述中找出一些蛛絲馬跡，證明他心中其實也有那堅不可摧之物。我重新翻閱了這些內容：魯佛斯之死、蘇珊的過世、芭芭拉的早夭，以及閃電引發大火的事故、地震的事故，結果還真被我找到了。

證據就藏在一段冗長的摘錄中，那是他在地震幾天後所寫的一篇文章，當時他還不清楚整個狀況，正忙著評估地震給舊金山造成了多大的災情：

> 打從人類開始規劃和創建城市以來，就不曾遭受過如此嚴重的破壞。但也從來沒有一場大災難竟能如此不招人怨恨，人們從未表現得如此充滿希望、如此勇敢，對自己和未來毫無不安。這全是因為我們終究活了下來，是人的意志決定了命運。
>
> 地震和火災讓我們明白了，人類不會被撼動，也不會被燒毀。人類建

造的房屋雖像紙牌般脆弱，但只要他站在屋外，就可以重建毀掉的房子。建造一座偉大的城市是件美妙的事，但更美妙的是成為城市的一部分，因為城市是由人組成的，而人永遠立於其創造物之上，人的內心也永遠比他所能做的事情更加強大。[21]

多麼振奮人心的一段精神喊話啊，就像是有人拍了拍你的背、捏了捏你的肩膀，為你加油打氣。只不過這段話裡有個小問題，要是你仔細檢視，就會發現其中藏了一個小謊言。

是人的意志決定了命運。

大衛曾經許諾絕不會說這樣的謊話欺騙自己，亦曾警告說這樣的謊話會招致邪惡，他在職期間自始至終都反對這樣的謊話，他更說過這樣的謊言值得力抗一輩子。他認為大自然根本沒把人類放在眼裡！可即便堅強如他，也需要對這樣的謊話信以為真，才不會被絕望吞噬。

第 8 章

關於自欺

所以真正的情況是，大衛在清掃實驗室的碎玻璃、試著把生活拼回原樣時，他其實是用這句謊話幫自己加油打氣的。

是人的意志決定了命運。

對比他過去所主張的一切，得知此事令我相當震驚。但仔細想想，大衛能夠搶救下這麼多件收藏品，讓上千件標本得以在一百多年後仍留存於世，而且他在許多方面都堪稱是人生勝利組——先後娶了兩位賢妻、曾經擔任大學校長、獲得諸多獎項；更別提他還打造了一座超級厲害的人間伊甸園，裡面有會騎大丹犬的猴子、會說拉丁語的鸚鵡，還有喜歡分類學的孩子。看到他這些傲人的成就，不禁令我懷疑，自欺真有那麼糟糕嗎？或許他跟我爸根本沒必要採取那麼高的道德標準，把自欺說成是十惡不赦的滔天大罪。

所以我決定暫時放下自己的道德觀，看看專家是怎麼說的，自欺是否真的像大衛和我爸說的那麼危險？

長期以來，社會上的道德權威都跟他倆持相同看法，像《聖經》就很鄙視自欺，把驕傲自滿視為大罪，還說你若能摒棄這種罪行，一定會有好報：「謙卑的人必承受地土。」古希臘人也很反對自大，希臘神話中便記載了伊卡洛斯因為翅膀上的蠟被陽光融化，而從高空墜海身亡的故事。啟蒙時代的法國思想家伏爾泰（Voltaire）則把樂觀主義貶為潛在的惡魔，因為它會讓你對自己正在受苦的事實視而不見。二十世紀的心理學家也認同他的觀點，像佛洛伊德（Sigmund Freud）、馬斯洛（Abraham Maslow）和艾瑞克森（Erik Erikson），這幾位極具影響力的心理學家都認為，自欺是一種需要透過治療來矯正的心理問題，[1] 準確的認知則被視為「心理健康的標誌」。[2]

但是在喧騰發展的二十世紀，臨床心理學家開始注意到一些奇怪的現象，那些相對比較健康的病人，那些活得更輕鬆的人，那些遇到挫折後能夠更快恢復的人，那些在事業、愛情各方面都春風得意的人，似乎全都擁有自欺這項特質。因此從一九七〇年代起，不少研究人員開始進行實驗，以確認這種現象是否屬實。結果他們一再地發現，**心理健康的人確實都給予自己過高的評價**，例如自認為很聰明、很有魅力、很會幫助人，而且運勢超強（像是很會擲骰子或挑選彩券號碼），但其實他們並不像自己以為的那麼優秀。[3] 更值得一提的是，當他們回顧過往時，想起的多半是成功而非失敗的經歷，當他們展望未來時，也認為自己會比同儕或朋友更有可能成功。

而哪些人會擁有自知之明的美德呢？鏘鏘，你猜對了：憂鬱症患者，他們不僅活得痛苦，而且遇到挫折後往往很難振作起來，工作和人際關係也都不順利。[4]

為此，由美國精神醫學學會出版的《精神疾病診斷與統計手冊》（*Diagnostic and Statistical Manual of Mental Disorders*）便做了一些調整，把過去公認為「不健康」的一些特徵，移到「健康」那一欄，而原本帶有貶義的「妄想」（delusions）一詞，則改成比較中性的「正向錯覺」（positive illusion）。到了一九八〇年代後期，心理學家雪莉・泰勒（Shelley Taylor）與強納森・布朗（Jonathon Brown）共同發表了一篇影響深遠的論文，他們審閱兩百多份相關研究後發現，抱持較正向的世界觀過活，會帶來許多好處，例如「少許自欺有益身心」的觀點，便獲得很多人的認同。[5]

各位或許聽說過上述情況，但你可能不知道，人們對於「一個健康的人該如何面對現實」的觀念變了，竟會連帶影響到心理醫師的治療方式。許多心理醫師開始運用「改變敘事角度」或「重構認知」等技巧，引導患者用比較正向的觀點提升其自我評價。**不過重點在於，自欺必須適度**。多項研究發現，極端的否認和妄想算是適應不良的行為，但無傷大雅的謊言、沒有惡意的謊言、或是像玫瑰花苞般的小謊話，卻可能帶來很多好處。打個比方，對於一個正在痛苦掙扎的人，如果能引導她用較為正向的方式述說自身的遭遇，讓她相信她其實比自己以為的更堅強、更善良，而且分手並不完全是她的錯，將會看到她的人生產生深刻的變化。

只要稍微調整敘事角度就能改變人生，這個諮商技巧打動了維吉尼亞大學的心理學家提摩西．威爾遜（Timothy Wilson），還特別寫了一本名為《重新定向》（*Redirect*）的書，書中彙集了一些極具戲劇性效果的案例，例如：接受了敘事療法的大學生成績進步了，輟學率變低了，多年之後連健康狀況都改善了；而接受了敘事療法的工人，則是出勤情況提高了；至於曾經遭受創傷的人，在學會用不同方式看待他們的遭遇後，內心更快恢復平靜。[6]

我問威爾遜：「騙自己沒關係嗎？」

他回答：「這有什麼害處嗎？如果它能戰勝恐懼，而且未來不會導致適應不良的行為，我不覺得這麼做有什麼問題。」[7]

「只要撒個小謊就能產生很大的幫助嗎？」

「是的。」

正向錯覺的好處

看著正向錯覺就像神仙保母瑪麗．包萍的百寶袋一樣，[8]能為人們帶來無窮的好處——更深刻的幸福感，更成功的事業與人際關係，甚至是更健康的身體。[9]我忽然想通了，我之所以會走偏，搞不好是因為從小我爸就要我向螞蟻看齊、謙遜自持。但說不定自我感覺良好的能力，是演化送給人類的大禮，主張此說的心理學家解釋，生而為人挺不容易的，你我都明白這個世道有多艱難，無論你再怎麼努力，都不保證一定能成功。**我們隨時都在與數十億人競爭，又很容易被自然災害侵襲，而且我們熱愛的每樣東西最後都會毀滅。但一個小小的謊言就能讓我們釋放壓力，幫助我們不斷向前迎接生活的挑戰，運氣好的話，甚至能意外勝出**。

一九八〇年代的世界風起雲湧，市面上除了有趣的拍拍尺手環（slap bracelet）＊、螢光色的襯衫，還出現了許多倡導培養孩子自尊的育兒書籍。過去曾備受質疑的觀

＊譯者注：在手腕上敲一下，就能捲在手腕上的手環。

點，現在卻成了心理治療的良方，不但在教學手冊中大力推廣，甚至還納入小學的課程。[10]

到了一九九〇年代，交換卡牌（Magic cards）和尪仔標（Pogs）大為流行，而美國國家心理健康研究所（National Institute of Mental Health）則提出一份報告指出：「相當多的證據顯示，相信未來會比預期更美好，能給人的心態帶來正面的影響。而樂觀的心態能讓人的情緒保持正向，激勵人們努力實現未來的目標，如此不僅讓人們在工作上更有創意與生產力，還能萌生『我命由我不由天』的感覺。」[11]

到了二十一世紀初期，一位名叫安琪拉・達克沃斯（Angela Duckworth）的國中數學老師決定攻讀心理學博士學位，因為多年來她一直想搞清楚一件事：為什麼有些學生在學習時特別費勁？[12] 她想知道那些成績優異的學生究竟擁有什麼樣的特質。幾年之後她終於找到答案，並將此特質命名為「恆毅力」（Grit），它指的是即便沒能獲得正向回饋，仍會持之以恆地追求極長期目標，同時也是指即使反覆撞牆，也依舊不氣餒、不放棄。[13] 她在各行各業的成功人士身上，包括西點軍校的學生、企業執行長、音樂家、運動明星、知名大廚，都看到這種能力。[14] 所以，別再考慮天賦、創造力、善良、智商這些因素了，單憑恆毅力這一項特質就足以讓你出人頭地。

那什麼樣的認知偏差能幫助你獲得恆毅力呢？答案是：正向錯覺，[15] 其他研究顯示，有正向錯覺的人，在遇到挫折後比較不會灰心喪志。[16] 恆毅力其實綜合了多種特質，但其中最重要的特質則是，在遇到挫折後繼續前進的能力，即使沒有任何證據顯示你追求的目標會成功，你仍能不斷向前邁進。或是像達克沃斯說的那樣：「即使長年處於逆境、失敗和停滯不前，都澆不熄你的熱情並持續努力。」[17]

最棒的是，恆毅力似乎不是由基因決定，而是可以透過後天的學習來獲得！這點不只帶給人們希望，而且非常符合美國夢的精神。只要在亞馬遜上輸入「恆毅力」這個關鍵字，就會看到一長串相關書籍：

- 《恆毅力：如何在想要放棄的時候堅持下去》（*Grit: How to Keep Going When You Want to Give Up*）
- 《恆毅力：讓你成功的新科學》（*Grit: The New Science of What It Takes to Persevere, Flourish, Succeed*）
- 《恆毅力讓你從平凡變不凡》（*Grit to Great: How Perseverance, Passion,*

and Pluck Take You from Ordinary to Extraordinary）

搜尋頁面上甚至還出現了一個裝著藥丸的黑色瓶子，上面印著螢光綠的文字——「真恆毅力促進劑」（True GRIT Test Booster），裡面裝著一百二十片有科學依據、經過醫學研究且效果顯著的體能促進劑，能讓你在健身房或大街上皆有出色的表現。

把失敗變成自誇

我想起了我看到的第一張大衛．斯塔爾．喬丹的照片，照片中的他頂著一頭不羈的白髮，目光炯炯有神。我還想起了他引以為豪的「樂觀之盾」，想起了他的同事曾說，無論那天他過得多不順心，大衛都會哼著歌走過拱廊。從許多方面來看，大衛堪稱是恆毅力的最佳代言人，而大衛對自己的描述，也幾乎完全符合達克沃斯對恆毅力的定義：「我向來會堅持不懈地實現我的目標，且能平靜地接受最終結果；此外，厄運只要過去了，我便不再耿耿於懷。」[18]

在他的一生中，我們確實一直看到大衛努力對抗厄運，他頗像格林童話中把稻草紡成金子的侏儒怪，總能把拒絕、侮辱或失敗神奇地轉化為讚美。例如回憶錄中有段內容，大衛若無其事地把一連串的失敗變成自誇——大學時沒獲得植物學獎，是因為他的思維過於開闊，不適應制式考試；沒獲得昆蟲學獎，是因為他過於慷慨（把獎金「禮讓」給一個比他更窮的學生）；與法國歷史獎擦身而過，是因為道德感太強（他認為評審規則不公平，所以根本沒申請）。[19] 把大衛當成博士論文主題的歷史學家路德．斯波爾也持相同看法，大衛很擅於去除或刻意忽略那些有損他形象的資訊。[20]

大衛也非常會化解別人對其人格的潛在攻擊，而且手法高明令人嘆為觀止，我像是在觀賞空中飛人的特技表演，看著他在空中翻騰拋接，完成看似做不到的動作。但是他有辦法圓滿處理愛徒查理的性醜聞嗎？他該怎麼做才不會讓這個事件戳破他為自己和同事營造的高尚形象？他不知道從哪裡抓到了一個鞦韆、一條救命索，讓他得以反過來指控告發者是「性變態」！[21] 結果就這樣噗的一聲，對查理的指控自行消失了。當珍．史丹佛指責他任人唯親時，他大方承認自己確實從未打開那個「裝滿了教職員應徵函的箱子」，[22] 還大言不慚地說他這麼做都是為了學校好，既然他的朋友都是美國最優秀的科學家，他何必考慮錄用陌生人呢？就這樣，批評反倒又成了他人品高尚的證明。

看著大衛的這些作為，我真的很好奇難道他從不曾被批評傷過？還是說他真的很會運用那面樂觀之盾保護自己，所以這些批評根本傷不了他？

不論他使的是哪招，確實都奏效了。元配死後，他很快就再婚；當他的魚類收藏品受損，他很快就重建規模更大的收藏；他的職位不斷晉升；各種獎項和獎章更是拿到手軟，表彰他在教學、魚類收藏及高等教育的卓越貢獻。展現在世人眼前的大衛，靠著自欺欺人的神奇鍊金術，把一個又一個小謊鍊成了銅牌、銀牌、金牌。忘掉那流傳了數千年的警世名言，去他的人應該保持謙遜，在一個沒有神明的地方，或許自欺才是行事之道。或許大衛・斯塔爾・喬丹就是最好的證明，想要戰勝命中注定的失敗，驕傲自大說不定才是上上之策。

自視甚高的優勢與危險

英國歷史學家羅伊・波特（Roy Porter）曾寫道：「每個時代都有那個時代的瘋子。」[23]

那我們這個時代的瘋子是什麼樣的呢？

我們國家正在系統化地教育孩子盡可能地忽略現實，而且只說些能讓他們繼續前進的話。但是像這樣戴著玫瑰色的濾鏡過日子，是否會有什麼缺點？

確實有一小群研究人員在全球各地研究此事，而且他們的研究方法非常有趣：他們會尾隨職場和校園裡那些自大的傢伙，手持文件夾，鉅細靡遺地記錄他們在社交場合犯下的每一個小差錯。研究結果顯示，正向錯覺未必全是有利無害，心理學家德爾羅伊・保羅胡斯（Delroy Paulhus）發現，大學生起初會被自信心破表的學生所吸引，但是一段時間之後，他們會逐漸對那種自我膨脹的人感到厭煩，對他們的評價也會趨於負面。[24]

另一位心理學家湯瑪斯・查莫洛－普雷穆齊克（Tomas Chamorro-Premuzic）則發現，過度自信會讓人在職場付出高昂的代價。[25] 之前有項被廣泛引用的研究，宣稱正向錯覺與身體健康呈正相關，但其實該研究包含一些錯誤，使得研究結果不顯著。[26]

名叫麥克・杜夫納（Michael Dufner）的學者，則對數百份關於「自我提升」的研究做了綜合分析後發現，一個過度自信且愛自我吹捧的傢伙，最終會令別人退避三舍。[27]那些過度自信的人往往不會意識到，他們正逐漸失去在社區內擁有好評所能享有的好處，像是願意出借工具給你的人變少了，邀請你帶菜餚到他家聚餐的人也變少了，更別提幫你介紹工作了。

自欺不光會令你在社交方面受挫，其實痛苦也會慢慢累積，心理學家薇爾伯塔・唐納文（Wilberta Donovan）的研究發現，面對哭個不停的小嬰兒，自認為很會控場的新手媽媽，竟然比沮喪型的媽媽感覺更無助。[28]理查・羅賓斯（Richard Robins）和珍妮佛・比爾（Jennifer Beer）花費四年研究後發現，擁有正向錯覺的大學生在短期內的確比較快樂（因為他們給自己過高的評價），但是隨著時間的推移，他們的幸福感卻會急轉直下；羅賓斯和比爾認為，過高的期望注定會失望，他們解釋道：「短期會有好處，但要付出長期的代價。」[29]**換句話說，玫瑰色濾鏡美化現實的能力是有限的，等到幻象被戳破時，自欺者將很難接受自己其實很無能的事實。**

我認為這幫心理學家，根本是一支在默默鼓吹「低自尊」的雜牌軍啦啦隊。他們的加油絨球揮得有氣無力。他們的歡呼聲簡直像蚊子叫：

> 做人要謙卑！不要太陽光！
> 哪個人最棒？
> 不是你！

他們的隊長很可能就是那位低著頭的心理學家羅伊．鮑邁斯特（Roy Baumeister），他原本是在研究攻擊行為（aggression）的心理成因，卻意外獲得這些發現。鮑邁斯特解釋他的研究動機，傳統觀點認為「低自尊是攻擊行為的根源」，[30]但他想確認此話是否屬實。於是他找來一群自尊心高低不一的大學生，並口出惡言侮辱他們，然後根據他們是否會出聲反嗆，以及回嗆聲音的大小，來衡量其暴力程度。[31]研究結果令他大吃一驚，而且此結果似乎與當時各界鼓吹大力提升孩童自尊心極有關係，所以他非常憂心。

研究結果顯示，會大聲反嗆的是那些自信心爆棚的人；[32]換言之，鮑邁斯特和同事布萊德．布希曼（Brad J. Bushman）發現了憂鬱症患者早就知道的事實——如果你對一個低自尊的人說：「你很遜。」他們會說：「你說的沒錯。」並躲回被窩裡。但那些自尊心爆棚的人，會信心滿滿地把此話視為不實的侮辱，所以會出言反擊。

鮑邁斯特和布希曼寫道：「攻擊者往往自視極高，這點我們從帝國主義、優等種族（master race）*的意識形態、貴族決鬥、操場上的霸凌，以及街頭幫派的黑話皆可得證。」[33]同樣奇怪的是，許多在正向錯覺測試中得高分的人，都跟大衛．斯塔爾．喬丹有著相同的奇怪信念，認為能憑自己的雙手控制世間的混亂。古巴軍事強人卡斯楚（Fidel Castro）曾想建一個防護罩，保護古巴免受颶風侵襲。[34]莫斯科市長尤里．盧茲科夫（Yury Luzhkov）曾打算向雲層噴灑水泥粉來阻止降雪。[35]說到水泥屏障，美國也有個曾經權傾一時的人，想用鋼筋或水泥築一道「氣勢恢弘」的牆，[36]來阻擋強風之類的自然力。[37]

不過鮑邁斯特和布希曼亦指出，自視過高並非一無是處，他們經常發現自己必須向人解釋，自尊心強也有可取之處！他們指出，高自尊會讓人出奇平靜（他們是說「格外無攻擊性」），因為你對自己非常滿意，所以別人的批評並不會威脅到你的自我評價。他們認為只有那一小撮自尊心極高，卻又很容易感受到威脅的人才是危險的。

鮑邁斯特和布希曼寫道：「用更通俗的話說，**最危險的並非自認高人一等的人，而是那些非常想要認定自己高人一等的人……那些急於確認自己高人一等的人，才無法接受旁人的批評，並大力反駁。**」[38]

這番話不禁令我回想起之前在標本館看到的那條怪魚，那條被大衛·斯塔爾·喬丹賜姓的海魚，一條渾身帶刺的莫比烏斯環，牠那對立的兩面天衣無縫地銜接成一個面。無稜角的喬丹，他的選擇是否暗藏某種訊息？承認在他的魅力之下藏著不為人知的黑暗面？

路德·斯波爾寫道：「喬丹身上最利弊參半的天賦，就是他很會說服自己，說自己正在做的事情是對的，接著便以無窮的精力追求他的目標……他還對自己的寬容和開明相當自豪……但其實他是個不惜用大炮打蒼蠅的人。」[39]

＊譯者注：是納粹提倡的一種概念，認定雅利安人（Aryan）是最優秀的種族。

第9章

世上最苦之物

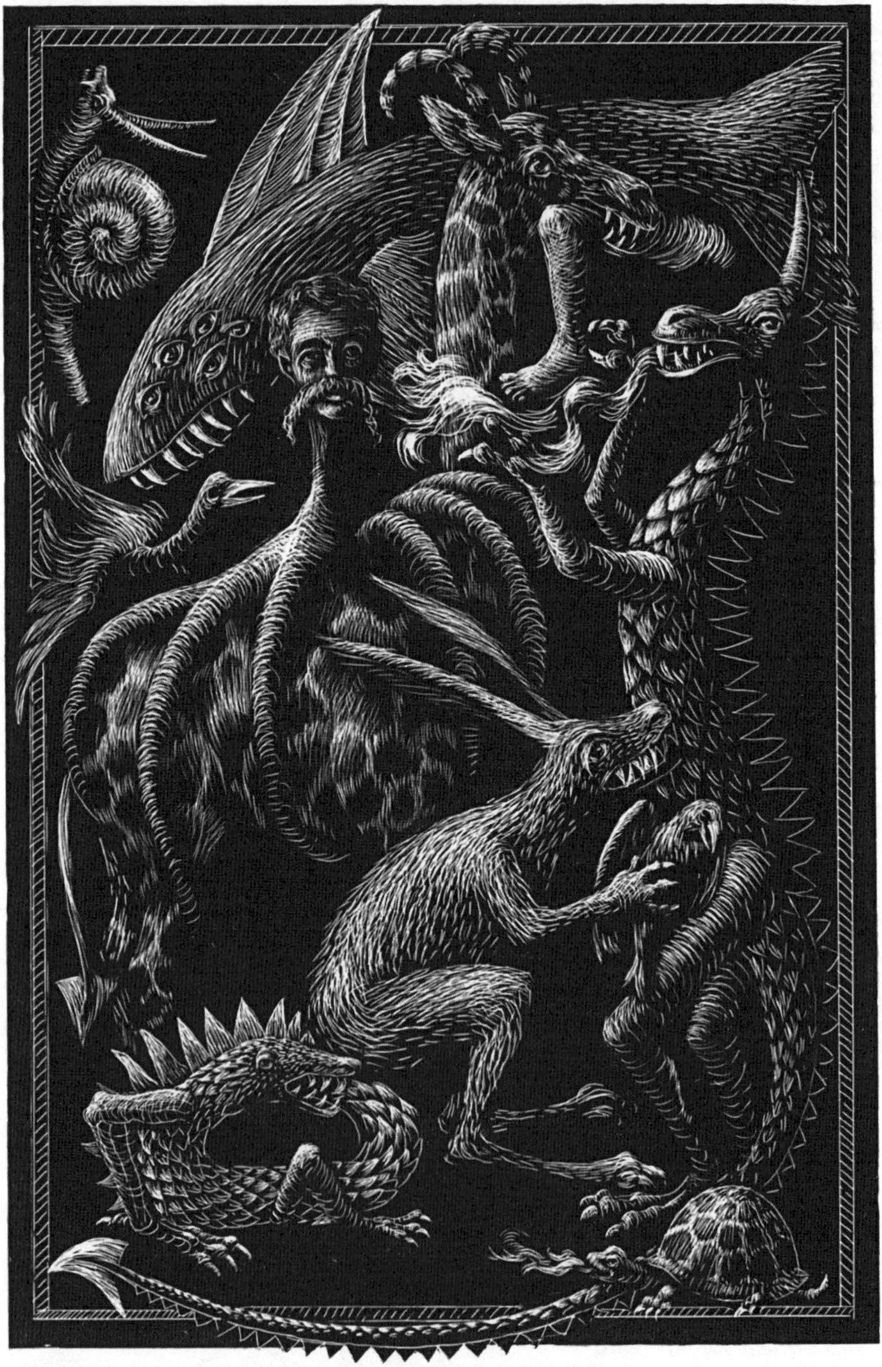

且讓我們把時間拉回到一九〇五年，也就是地震發生的前一年。當時大衛的魚標本收藏品仍堆積如山，但他的校長職位卻似乎岌岌可危。珍．史丹佛安排的眼線已經寫好了那份該死的報告，他指控大衛「粉飾」一樁性醜聞，[1] 還像「幫派老大」一樣管理史丹佛大學。那份報告已遞交校董會，關於珍要解聘大衛的謠言傳得沸沸揚揚。[2]

怪的是，新年過後不久，珍．史丹佛竟然中毒了。據報導，一九〇五年一月十四日，她在舊金山的家中準備就寢前，從廚房的水罐裡倒了水來喝，水罐裡裝的是波蘭泉水牌的礦泉水。她喝了一大口，但立刻察覺異狀，那水有股可怕的怪味，她急忙把手指伸進喉嚨裡催吐，並大聲召喚她的助手貝莎和伊莉莎白來幫忙。她倆安撫好女主人之後，都嘗了一下那水，發現水有股「奇怪的苦味」，[3] 她們把水罐送到附近的化學家那裡檢驗，化學家分析後發現其中含有致命的番木鱉鹼（strychnine）*。

*譯者注：一種劇毒的化學物質，常用來製成毒鼠藥。

珍雖然逃過一劫活了下來，不過可想而知受到不小的打擊。一名警探前來調查卻一無所獲，因為他只調查了她家的員工——女僕、廚師、祕書和前管家——結果洗清了所有人的嫌疑。[4]《舊金山觀察家報》（*San Francisco Examiner*）請來一位小說家推測下毒者的意圖，他猜測肯定是珍的下屬幹的，且此人「一直對雇主在智力和其他方面的缺陷深感不滿」，長期下來，這份對奴役的枷鎖所產生的蔑視，竟逐漸演變成了最凶殘的仇恨。[5]

得知有人想要取自己的性命，卻不知凶手是誰，珍決定搭船前往夏威夷散散心，[6]希望在溫暖的熱帶待上幾週，能平復自己的心情。她帶了她的長期祕書貝莎及一名新來的女僕梅伊隨行，她們住進了新開的莫阿娜酒店的兩間客房，這是一家鄰近威基基海灘的豪華度假酒店，裡面有著美麗的石柱、華麗的陽台，以及新穎的電動手扶梯。

史丹佛夫人的死亡

根據氣象資料顯示，珍在世的最後一天是個氣候宜人的晴天，高溫僅攝氏十六、七度。[7] 珍和她的助手已在島上待了一週，三人決定乘馬車到帕利（Pali）野餐和賞景。她們帶了酒店廚房準備的野餐籃，裡面有新鮮出爐的薑汁麵包、煮熟的雞蛋、肉和乳酪三明治、巧克力和咖啡。[8] 她們在樹蔭下待了幾小時，一邊欣賞海景，一邊吃著點心，並輪流朗讀一本科幻小說。[9]

三人在傍晚時分回到酒店休息，晚餐只喝了點湯，[10] 然後珍就準備上床睡覺了，她要貝莎幫她準備睡前服用的藥——幫助消化的小蘇打和鼠李皮膠囊，貝莎留下一勺小蘇打和一粒膠囊後，在晚上九點左右和梅伊回到走廊對面的房間。此時只有蛙鳴和海浪聲，人們都沉睡著。

十一點十五分左右，珍的助手被走廊對面房間傳來的哭喊聲驚醒，珍大聲呼喚著：「貝莎！梅伊！我好難受啊。」[11] 她們急忙跑到珍的房間，打開房門就發現珍癱倒在地，她費力想要張開嘴巴，但下巴肌肉卻不聽使喚、夾得很緊，她的眼睛瞪得老大，只能勉強從牙縫中擠出一絲聲音：「我無法控制我的身體，我想我又被下毒了。」空空如也的小蘇打勺子在她的床頭櫃上閃閃發光，此時住在隔壁房間的男人聽到騷動也過來幫忙，並趕緊跑去找醫生。

幾分鐘後，睡眼惺忪的法蘭西斯・韓佛瑞醫生（Dr. Francis Humphris）手提著醫藥包來了，他坐在珍的身旁，用手輕按她的下巴，想讓肌肉放鬆，最後不得已只好拔掉她的假牙，給她灌入芥末水催吐。[12] 但為時已晚，珍瞪大眼睛看著韓佛瑞醫生，她的身體開始扭曲且越來越奇怪，她的腳趾像鴿爪般向內蜷縮，雙手緊握成拳頭，雙腿則像展翅的老鷹般，不雅觀地張得開開的。她無助又害怕地盯著某處，然後用無牙的牙齦出聲懇求：「上帝啊，請赦免我的罪孽吧！」[13] 她在十一點半的時候死了，整個過程從頭到尾僅十五分鐘。[14]

沒多久又來了兩名醫生，其中一位手上還掛著一個顯然已經派不上用場的洗胃器。[15] 三位醫生都嘗了嘗瓶子裡剩下的小蘇打，一致表示有股奇怪的苦味。[16] 後來警長也抵達現場，他用紙包好勺子和玻璃瓶，並把它們送到毒物學家那裡檢驗，然後把珍的屍體送到太平間。[17]

由於本案備受各界關注，警局一共找了七名醫生來驗屍，他們仔細檢查了珍的皮膚，尋找有無割傷或擦傷，但完全沒發現任何外傷，因此排除了是破傷風致死的可能性，破傷風可以用來解釋珍的全身痙攣和牙關緊閉的死狀。[18] 負責本案的病理學家克里夫・布朗・伍德（Clifford Brown Wood）對珍的雙手蜷曲成拳印象深刻，他用力掰開她的手指，但它們立刻縮了回去，掰開、縮回、掰開、又縮回。[19] 毒物學家則檢查了瓶子裡的小蘇打粉及珍的腸胃，在兩處都發現了番木鱉鹼的蹤跡。[20]

六位公民組成了陪審團，他們看了珍的屍體，還聆聽了三天的證詞，包括毒物學家說他對珍的器官做了化學測試，結果呈現出含有番木鱉鹼的亮紅色。[21] 化學家則說他用珍的小蘇打粉製作的溶液中，析出了番木鱉鹼的白色八面體結晶。[22] 資深醫生指出，[23] 珍的肌肉急速僵硬，遠比屍僵（Rigor mortis）* 極端多了，[24] 他說：「在我二十年的行醫生涯中，從未見過這種情況。」[25] 而三位目擊者，貝莎、梅伊和韓佛瑞醫生也都作證說，他們親眼看到珍在短短幾分鐘內抽搐而亡。

陪審團只花了兩分鐘便達成一致的裁定，認定珍・史丹佛死於一瓶小蘇打粉中的番木鱉鹼，是由陪審團尚不知道的某個人或某些人惡意摻入的。[26]

* 譯者注：動物死亡後的其中一個階段，現象是肌肉會僵硬攣縮。

媒體提前從陪審員那裡拿到消息，並搶在裁定公布前報導，《舊金山晚報》（*San Francisco Evening Bulletin*）於一九〇五年三月一日，在頭版頭條報導了史丹佛夫人死於中毒的消息。

是中毒？還是過度飲食？

但遠在千里之外的大衛．斯塔爾．喬丹並不同意此說法，當他得知珍很可能被判定為遭到毒殺後，便立刻乘船前往夏威夷，他告訴《紐約時報》（*New York Times*），他此行與舊金山和檀香山警方正在進行的調查無關，他去那裡只是為了護送珍的遺體回家。[27]但紀錄顯示，他花了三百五十美元（相當於今日的一萬美元）的高價，聘用一名醫生重新調查本案。

大衛選中的這個人行醫只有幾年時間，他的名字叫歐尼斯特．沃特豪斯（Ernest Waterhouse），[28]他根本沒有檢查珍的屍體，也未查看與本案相關的任何證據，只是粗略地讀了一本關於毒藥的書，並訪談了幾位目擊者，然後與大衛數度會面之後，居然就對珍的死因做出了全新的解釋。沃特豪斯在交給大衛的打字版備忘錄中（這是應大衛的要求所準備的）聲稱，他「絕不相信」珍．史丹佛是被毒死的，他認為在她胃裡和小蘇打瓶裡發現的番木鱉鹼的劑量，未必能令她死亡。[29]

那麼，劇烈的抽搐、牙關緊閉、快速死亡……又該如何解釋呢？

停頓。

是薑汁麵包害的啦！

在珍的祕書貝莎第二次被問話後，那天的帕利野餐就變成了一場怪誕的盛宴，貝莎現在改口說，薑汁麵包並不像她最初向警方說的那樣（以及酒店一再聲稱）是新鮮出爐的，而是沒有烤熟的。[30]但珍並沒有因為發現麵包中心仍舊是溼的而停止吃麵包，反而是繼續大口大口地吸著還未烤熟的蛋液。但這樣顯然還不夠，貝莎在這次問話中指出，珍隨後狼吞虎嚥地吃下了八個三明治，[31]裡面放了厚切的牛舌和瑞士乳酪，珍還喝下數杯冰咖啡，以及十幾顆法國糖果。怎麼好好的一次野餐，在這次談話中就變成一場大胃王比賽？

貝莎的新說法是被人脅迫，還是受到暗示，抑或是說了實話？這我就不知道了，我只知道大衛．斯塔爾．喬丹在島上待了幾天後，他就「確信」珍．史丹佛並非遭人惡意毒死，而是死於心臟衰竭。[32]他告訴《紐約時報》，他完全相信她的死因是過度勞累（因為一直斜倚著坐在野餐墊上？），加上過度攝入「不適宜的食物」，因而引發心臟衰竭。[33]

我打電話給曾在美國疾病管制暨預防中心（CDC）擔任疾病檢測員的席瑪・雅絲明（Seema Yasmin）醫師，向她請教珍的病例細節，她告訴我：「吃太多薑汁麵包確實有可能致死，但會等到進食十一個小時之後才過世嗎？」[34]

她非常在意時間延遲，因為只要攝取過量，任何東西都可能變得有毒（「我的意思是，喝太多水也會致死！」），但她認為就算是生的薑汁麵包，吃個兩三份也不至於中毒身亡。同理，她認為暴飲暴食加上過度勞累，確實有可能導致某種心臟衰竭，但應該在野餐當下就發作了，她說明：「有些人在打電話跟電力公司理論時，會氣得當場心臟病發作；他們會因壓力過大，而出現心絞痛，這種情緒壓力會導致心血管痙攣，進而引發心臟病，但會事隔十一個小時才發作嗎？」

她停頓了一下。「我覺得不大可能。」

她問我是否考慮過破傷風，我說他們沒在珍的皮膚上找到任何傷口，便排除了此可能性。

當最後我告訴她，醫生在珍的腸胃和小蘇打粉瓶中發現了少量的番木鱉鹼時，她便「啊」了一聲。

她說：「哇，看來很像是番木鱉鹼中毒。」她告訴我番木鱉鹼被稱為「好萊塢電影御用毒藥」，因為我們在電影裡看到的就是這種毒藥的中毒反應——翻白眼、無法控制自己的身體、全身痙攣——身體出現戲劇化的扭曲。

她告訴我，番木鱉鹼即使極少量，也能在五分鐘內奪命。

這回換我發出「嗯……」。

我逐一向她報告醫生對於珍的心臟所做的紀錄，其中有些術語我並不理解，所以我想確定自己沒有遺漏任何可能造成心臟衰竭的資訊。我告訴她，在珍的心室裡發現了含氰化物的血，她的二尖瓣和半月瓣則有少許的動脈粥狀斑塊，但席瑪的反應還好。一等我念完整份清單，她就說：「你看，你當然可以堅稱我們全都會死於心臟停止跳動，因為這就是我們對死亡的定義，腦死當然也是死亡。但你剛剛說的這些症狀，聽起來不像是心絞痛或心肌炎，甚至連心臟病發都算不上；我相信她有心臟病發作，畢竟在整個死亡過程中，她的心肌肯定也受到影響，但你說的那些症狀聽起來很像是番木鱉鹼中毒。」

而無緣向當時還不存在的疾控中心檢測員討教的大衛・斯塔爾・喬丹，顯然更願意相信自己花錢得到的解釋——珍・史丹佛是自然死亡的。他在抵達檀香山四天後告訴《紐約時報》，身為一名醫學博士（他說自己「差點就獲得」這個學位），[35]他相當確定珍並非死於毒殺。[36]

那她是怎麼死的呢？吃太多薑汁麵包了。

那她胃裡和藥瓶裡為何會出現番木鱉鹼？他辯稱那是「藥用」。[37]

最後只剩下一個細節需要解釋，但這搞不好是最關鍵的細節，一位目擊證人說珍的身體是從內部開始不聽使喚的，她體內的生物電開始背叛她，命令她的雙腿大大張開並咬緊牙關，當時她竭盡全力說出一個關鍵訊息：「我想我又被下毒了。」

對此，大衛和沃特豪斯醫師提出一個他們認為最合理的解釋：歇斯底里，[38]珍肯定是假裝中毒了！抽搐也是裝的！甚至是裝……死？看到這位雜技演員在空中翻滾拋接，完成看似不可能做到的動作，居然還能瞎掰別人的死亡是裝的，這番神操作真是令我嘆為觀止。

在離開檀香山前的最後一天，大衛起床後便用酒店的信紙撰寫一份公開聲明，企圖永遠推翻珍是遭到毒殺的說法。[39] 他隨手寫了幾個字，但隨即劃掉，他決定刪除所有關於先前投毒未遂的內容——最好沒人知道此事。[40] 他說根據自己的醫學判斷，他斷定珍是因暴食加上過度勞累而自然死亡的。在聲明的結尾他不忘盛讚夏威夷的醫生，雖然他不認同他們的醫學意見，還是感謝他們「心胸寬廣」、「樂於助人且富有同情心」。[41] 然後他簽上名字，封緘後交給一位律師朋友，並囑咐對方等他啟程之後再公開此信，這樣他就可以避開跟當地醫師對質的尷尬場面了。[42]

接下來大衛只剩一件事要做，他穿上一套體面的西裝，洗淨手上的墨漬，慢慢走到檀香山的中央聯合教堂，用剛剛搓洗過的手握住珍．史丹佛棺材上的冰冷把手，他深吸了一口氣，準備完成抬棺的任務。[43]

當大衛的聲明刊登出來時，夏威夷的群醫大吃一驚，他們立即聯合發表一份反駁聲明，內容如下：

> 她並非死於心絞痛，因為她並未出現心臟病發作的症狀，她的心臟狀態也不符合這樣的診斷。以史丹佛夫人的年紀和精神狀態，認為她會在半

小時內就死於歇斯底里之癲癇的想法十分愚蠢……相關單位若以此為死因，肯定會遭到質疑。[44]

「愚蠢！」大衛立即反擊，聲稱關鍵的醫學證人韓佛瑞醫生是一個「不具備專業或個人立場的人」。[45] 當夏威夷醫師群起為韓佛瑞辯護時，大衛竟指控他們是串通好了，想用莫須有的毒殺診斷，企圖從驗屍和死因調查的過程中騙取費用。[46] 只要你想一想此案有多少人參與其中（所有的醫生，以及匆忙趕來幫忙的鄰房客人、珍的祕書、女僕、警長、葬儀社的人、驗屍官），就會明白這是多麼荒謬的指控，但大衛根本沒在怕的。

由於大衛的威望和權勢，再加上美國政府本就不重視這塊領土，所以夏威夷當地醫生對於珍的死因判斷，便根本無法在美國本土站住腳。

至今無解的懸案

如果你瀏覽史丹佛大學的網頁，幾乎不會看到珍．史丹佛可能死於謀殺的內容，她的死因被列為「未獲定論」。[47]不過在一篇標題為〈認識喬丹校長〉的長篇報導中，你會看到一小段文字提及此事：「當珍於一九〇五年二月因不明原因過世時，喬丹校長曾趕往夏威夷認領她的遺體——有人認為他此行是為了壓下她是被毒死的報導。」[48]不過這些影射是最近才加上的，在長達近一百年的時間裡，珍一直被認為是自然死亡，關於她可能死於非命的傳言都被刻意忽視，幾乎銷聲匿跡。

我是從二〇〇三年出版的一本名為《珍．史丹佛的神祕死亡》（*The Mysterious Death of Jane Stanford*）的小書得知這一切的，該書的作者是羅伯特．卡特勒醫師（Robert W. P. Cutler），他是史丹佛大學的一名神經學家，他生前的最後一段時光曾忙於某個研究專案，但偶然發現一篇舊報紙上的文章，內容是關於珍．史丹佛中毒事件的調查。此事令羅伯特大吃一驚，他是位歷史迷，更是一位深以母校為榮的「史大人」，為什麼他從未聽說過創校之母有可能是被人毒死的？[49]於是他開始調查，並從線上資料庫得知此案的驗屍報告、法庭紀錄、目擊者證詞，全都完好地存放在夏威夷，等著被人查閱。

不過當時羅伯特的病情已經相當嚴重，根本無法離開位於加州利佛莫爾（Livermore）山頂上的家。他患有晚期肺氣腫，只能待在遠離灰塵的室內，靠氧氣罐幫助呼吸。[50]幸好在他的太太瑪姬，以及檀香山、舊金山和華府的檔案管理員的幫助下，他才能夠在家中閱讀那些郵寄過來、或由他太太取回之各類文件的掃描檔案，並寫下他的調查發現。

他的書中全無廢話，也未對人們的動機或情緒狀態做戲劇性的揣測，只是盡可能清楚地呈現各種證據，並大量引述原始資料。[51]你會覺得彷彿親自聆聽過去的聲音：驗屍官的報告、目擊證人的證詞、法庭紀錄，你都能聽到。這本纖薄的小書是他送給未來的一份禮物，他費了好一番工夫從謊言中篩選出真相，幸好他的苦心沒有白費，他是在該書問世後才撒手人寰的。

羅伯特．卡特勒這位擁有三十多年資歷的醫師在書中明確指出：根據珍的死狀，以及在她的胃裡和小蘇打粉瓶裡都發現了番木鱉鹼，他確信她是被毒死的。而根據大衛．斯塔爾．喬丹在她死後所做的一切，羅伯特認為他很難不做出這樣的結論：大衛試圖掩蓋珍被下毒的事實，大衛為什麼要這麼做？或許是為了避免學校陷入醜聞，或許是別的原因，對此，羅伯特．卡特勒並未多加揣測。

其他學者則做了更深入的研究，史丹佛大學的英語教授布利斯．卡諾昌（Bliss Carnochan）研究了珍和她僱用的眼線之間的信件往來，覺得珍被謀殺的時機很可疑，他寫道，大衛為了保住自己的校長職位，「有犯案的動機」。[52] 史丹佛大學的歷史學家理查．懷特（Richard White）甚至開了一門課：誰殺了珍．史丹佛？希望能找出更多線索。每學期他都會提供相關檔案給十幾名學生找出新資訊，懷特目前的猜測是貝莎下的毒（為了得到部分遺產），但他也認為珍的死亡時間對大衛來說未免太「幸運」了。[53] 懷特越來越覺得，不管是誰下的毒，大衛都掩蓋了此事實。

懷特的學生不斷挖掘出大衛在珍死後做了許多不光采的事：大衛的某個熟人在信中向他保證，吃太多是有可能會死掉的；[54] 珍的眼線寫信給大衛，說他不會「被錢收買而封口」；[55] 一位不知名人士則寫信告訴大衛，他將因掩蓋罪行而「在死後受到審判」。[56] 還有數十年來，大衛一直堅稱珍是自然死亡的行為也很奇怪，[57] 因為早就沒有人提出異議了。而且隨著大衛年紀越來越大，他總會在一些奇怪的場合——演講、報刊文章、信件——提及此事，懷特很納悶大衛為什麼要反復主張此說法，顯然珍的死因自始至終都困擾著大衛。

我開車去羅伯特・卡特勒的府上拜訪，他家位在山頂上，這趟路程不但頗遠，而且沿途盡是之字形的彎路，車子在單線山路上，穿過變黃的草地和乾燥的泥土迂迴前行。當我終於抵達山頂時，瑪姬在露台上迎接我，這裡是她已故丈夫無緣享受的空間，因為花粉和灰塵對她丈夫敏感的肺部來說太危險了。進屋後她帶我來到廚房，並幫我倆各自倒了一杯咖啡，她聊起她丈夫在生命的最後階段，仍舊整日埋首書堆研究案情，而未能陪伴她，其實她挺難過的。不過她明白那是因為丈夫覺得自己有責任確保珍的聲音被聽到，也有責任揭開被埋藏許久的真相。[58]我問她，她丈夫煞費苦心地不在書裡指控大衛・斯塔爾・喬丹謀殺，但他私底下曾否懷疑過大衛與此案有關。

她不假思索地告訴我：「**他完全相信是喬丹幹的。**」[59]

「真的嗎？」

「是的，他認為喬丹這個人壞透了。」

不知怎的，我感覺回程的車程好像變短了。我沉浸在自己的思緒中，不停想著我對大衛・斯塔爾・喬丹那莫名的痴迷，想著我曾寄望他能為我指出一條明路，讓我走出困境。他身上有很多令我欽佩的特質：他挖苦人的功力，他對那些「藏身於隱祕角落的微不足道」之花兒的熱愛，而他那好笑的八字鬍，總令我聯想起我爸也留著一嘴超搞笑的鬍子。還有他那鋼鐵般的脊梁，那堅韌不拔的意志力，無論面對怎樣的不幸，都不會崩潰的決心。**難道套用他的自信，就會變得像他那樣冷酷無情，對任何阻礙都無動於衷，甚至到了可以無情踐踏一個女人生命的地步，或是試圖掩蓋她死亡的真相？**

腐蝕人心的自信

我一聽說羅伯特・卡特勒出了本書，便立刻打電話給一位已經退休的史丹佛大學檔案管理員，她告誡我不要被書中的理論所迷惑，並指稱該書純屬「臆測」之作，根本不值一提。她還說「那位博士需要一個反派角色」，[60]勸我別看那本書，免得被書中的敘述唬弄了。歷史學家路德・斯波爾則說，卡特勒的書讓他相信珍・史丹佛是被毒死的，但若說是大衛在幕後指使，那就不只是臆測，而是「幻想」了。[61]

最後，我終於親自來到史丹佛大學的檔案館，那裡擺放著數十箱大衛的日記、信件、未發表的論文及手繪作品，靜靜地等人上門瀏覽。我每天都來報到，並且申請了每日閱覽數量的上限。每個清晨，我無視於窗外陽光的召喚，也努力抗拒尤加利樹的撲鼻清香，只想從成箱的資料中找出明確的罪證。

工作到第五天，我偶然發現一個裝滿大衛畫作的資料夾，從日期看來是在珍去世幾年後畫的。他還是那麼用力地畫著，但畫的不是花而是怪物，一隻又一隻的怪物，這些畫的用色十分狂野，一隻長著羊頭的龍蝦，有著五顏六色尖刺的豪豬，食肉袋鼠的獠牙滴下紫紅色的鮮血（牠的育幼袋裡還裝著一隻食肉小袋鼠）。一條又一條惡龍，一個又一個怪物，多得數不清的山羊角，那些怪物鼻噴惡火，獠牙滴血，嘴角還露出人類的肢體。在其中一幅畫裡，有三隻烏賊正在吞食自己的尾巴，在另一幅畫中，鯊魚、狼和蛇從夜空中竄出。還有這樣的一張畫，一個留著八字鬍的男子，站在人群的後面，看著前方一個戴著花帽子的女人，而且那男人是一大群人當中、唯一一個長著惡魔犄角的人，這對犄角淡淡地勾勒在他的頭頂，像是剛剛才長出來的。[62]

我還在一個堆滿零碎物品的盒子底部，發現了一張長方形的小卡片，是珍・史丹佛的弟弟查爾斯寄來的謝卡，感謝大衛在珍去世後送花弔唁。[63] 我想像著大衛閱讀卡片的樣子，他的大拇指也曾按在同一張卡片上，我不禁感到一陣噁心。然後我不經意地看到一篇小心剪下並對折的報紙文章，那顯然是想將標題——〈專家解密喬丹博士的聲明〉——隱藏起來。記者在這篇報導中駁斥了大衛認為珍是自然死亡的說法，並說多項證據皆指向珍是中毒身亡，記者甚至在文章的結尾指出，大衛·斯塔爾·喬丹肯定在「掩蓋一樁罪行」，並警告說凶手仍然逍遙法外。[64]

檔案管理員說的是對的嗎？我邊翻閱著數千頁的資料、邊想著這個問題，大衛的皮屑鑽進我的鼻孔。我正在做的事情，是不是就跟我懷疑大衛在做的事是一樣的：**為了維持自己的世界觀之完整，為了證實我爸說自信會腐蝕人心的理論，而不惜扭曲事實**。

儘管我對大衛的懷疑與日俱增，我還是強迫自己去找到並記住他好的一面。我仔細讀了潔西所寫的回憶手稿，她稱大衛是她生命中的「奇蹟」；[65]我也仔細讀了大衛所寫的許多詩文，他經常歌頌那些藏身於隱祕角落的微不足道事物，例如海綿和海星，甚至野草。我還讀到他努力保護海狗免於過度捕獵；我拿起了刻有他名字的厚重獎章，那是他晚年努力推動和平而得到的。[66]

我仔細拜讀了他所寫的一篇文章，標題為〈山姆大叔的太陽神經叢在哪裡〉

（Where Uncle Sam's Solar Plexus Is Located）*，大衛認為美國最脆弱的地方是在中大西洋區（Mid-Atlantic）†的武器製造樞紐，他寫道，一個過於依賴「殺戮事業」的國家乃是「不走正道」。[67]而美國的發展潛力在於「公立學校……因為它教給學生有用的課程，以及友誼能跨越種族界線、法律之前人人平等的道理。這才是一個國家的國力源泉」。

我還拿起他的小記事本聞了聞，他年輕時經常把這些皮質的小記事本放在胸前的口袋裡，這彰顯出他身為一個廢奴主義者的那一面；那些小記事本散發出一股溫熱的奶油味，裡面畫滿了毛毛蟲、蜘蛛、樹葉。[68]

我一無所獲地回到家中。

我一如既往地感覺若有所失。

沒想到幾個月後，我竟發現了一個令我脊背發涼的細節，當時，我正試著從大衛的捕魚手冊《魚類研究指南》（*A Guide to the Study of Fishes*）中尋找答案。我原本還微笑地看著他所寫的親切前言，他向讀者保證，在任何地方都能找到魚，哪怕是「古老的游泳洞（swimming hole）‡，或老樹根底部的深渦」。[69]我快速地翻閱了下頜骨、胸鰭和魚鰾的圖表，然後在該書的第四三〇頁，在名為〈如何捉到魚〉的那一節內容中，他向那些一直讀到這裡的讀者透露了一個祕密：他最喜歡用什麼方法來捕捉那些躲在潮汐池石縫裡的小魚？答案是投毒，那他推薦的毒藥是什麼？那是一種危險而強大的物質，他形容它是「世界上最苦的東西」[70]——番木鱉鹼。[71]

＊譯者注：在印度教瑜伽理論中，太陽神經叢位於肚臍的區域，對應身體上的消化系統，精神上的無知、渴望、忌妒、背叛、羞恥等心念。

†譯者注：通常包括紐約州、紐澤西州、賓州、德拉瓦州、馬里蘭州、華府及西維吉尼亞州。

‡譯者注：泛指河、溪之類的天然水域裡，能讓一個人在裡頭游泳的水洞。

第 10 章

名副其實的恐怖陳列室

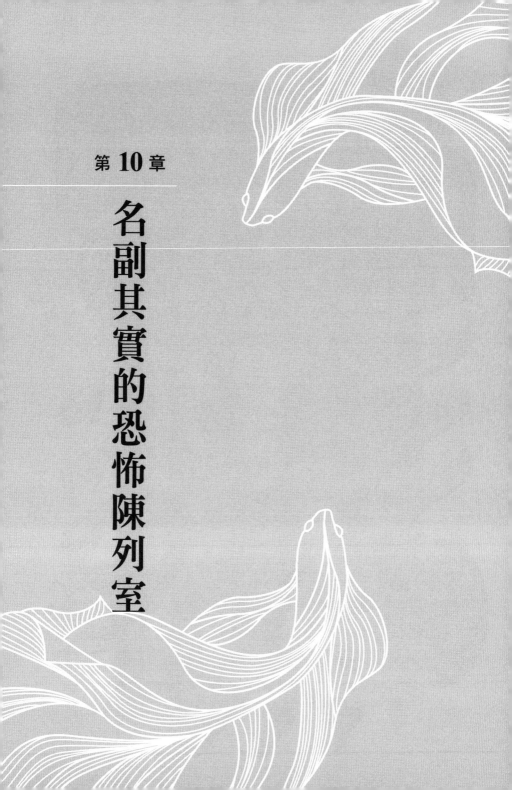

從珍・史丹佛去世後，大衛・斯塔爾・喬丹的校長大權便開始旁落，[1] 因為大衛草率解僱了珍的眼線朱利斯・戈貝爾，令校董會相當不滿，於是投票剝奪了他解僱教職員的權力。並在幾年後的一九一三年命令他下台，校董會允許他保留名譽校長的頭銜，但剝奪其餘的行政權。[2]

突然有了大把空閒時間的大衛，替自己找了個新的愛好。他過去為了收集各種魚類，曾多次造訪義大利阿爾卑斯山區一個名為奧斯塔（Aosta）的村莊，並在那裡看到一些令他極為震驚的現象。[3] 奧斯塔堪稱是身心障礙者的庇護所，數世紀以來，天主教會一直為那些因身體狀況而被家人遺棄的可憐人提供住所、食物和照顧。後來許多人習得一身好手藝，能在田間或廚房工作，還有人覓得良緣並結婚生子。結果奧斯塔成了一個獨樹一格的小鎮：在這裡，不正常才是正常，一些原本無法在社會上生存的人，在這裡獲得必要的支持，並得以成家立業。

有些人在這個村子看到人性之美，天主教堂發揮人道精神，幫助社會最弱勢的群體有尊嚴地活著。但這樣的美事，看在一八八〇年代造訪此地的大衛・斯塔爾・喬丹眼裡，卻成了一間「名副其實的恐怖陳列室」，說這裡到處都能看到「智力不如鵝、儀態不如豬的人」。[4]

這些年來，奧斯塔村一直困擾著大衛，他認為這個村子的情況證明了路易・阿加西的觀點，亦即動物界可能會出現退化現象；大衛錯誤地認定，海鞘和藤壺之類的定棲動物，是由原本級別較高的螃蟹和魚，「退化」成懶惰、弱小且低能的簡單生物，只能靠著寄生取得生存資源。[5] 廣泛而言，大衛認為對生物提供任何形式的長期幫助，最終都會導致其身體和認知功能的衰退，大衛誤解自然界的運作方式，並把他臆想的現象稱之為「動物貧困」（animal pauperism）。[6]

他擔心奧斯塔村正面臨同樣的情況，擔心住在那裡的人真的會退化成「新的人種」。[7] 於是他決定寫一本書警示公眾，慈善行為有可能造成「最不適者生存」。[8] 他在書中建議徹底除去[9] 這些「低能兒」，[10] 因為這是防止全球人類「衰敗」的唯一辦法。[11] 該書的立論大幅依賴一個才出現數十年的名詞，當時這個名詞還未在美國流行，大衛卻以極大的熱情和科學權威為其加持，使它在美國國土上廣為人知。

這個名詞就是「優生學」（Eugenics）。

狂熱的優生主義者

優生學一詞其實是由英國科學家法蘭西斯・高爾頓（Francis Galton）在一八八三年創造的，他是一位知名的博學家，且與達爾文是同祖表兄弟（half cousin）。達爾文的《物種起源》甫出版，高爾頓立刻就閱讀該書並深受啟發，說那是他「個人心智發展的新紀元」。[12] 當高爾頓得知地球上的各種生物乃是自然界的力量造成時，他便想到人類說不定能操縱這些力量，人擇（而非天擇）出最優秀的主宰人種，只要淘汰掉那些他誤以為跟血液有關的不良特質：貧窮、犯罪、文盲、弱智、濫交即可，他把這種除去劣等族群的技術稱為「優生學」，這個詞結合了希臘語中的「優秀」和「出生」兩種意思。他開始向任何願意聆聽他這套歪理的人——他可是達爾文的表親哪！——講述他那聽起來很科學，且能讓歐洲再次偉大的計畫。

他會在高級的聚會，以及《自然》（*Nature*）和《麥克米倫》（*Macmillan*）之類的知名雜誌上，大肆宣揚自己的觀點，[13] 他甚至寫了一本科幻小說名為《不可言其處的優生學院》（*The Eugenic College of Kantsaywhere*）。[14] 在這個社區裡，只有通過嚴格檢驗的人才能繁衍後代，不合格者若想「偷生」，就會被關進監獄裡

「嚴懲」，[15]高爾頓自認為這本書講述了一個教人類邁向幸福快樂的故事，且是能拯救人類免於衰退的指南。

許多人駁斥高爾頓的看法，若非一小撮頗具影響力的科學家大力支持優生學，它很可能就此停留在科幻小說的情節。諷刺的是，一向大肆抨擊「假知識」危害社會的大衛．斯塔爾．喬丹，卻是最早一批大力支持優生學的科學家之一，並到處宣揚他自己編造的各種會遺傳的人格特質，就連他的傳記作者兼鐵粉愛德華．麥克納爾．伯恩斯（Edward McNall Burns）也不得不承認，大衛的說法很荒唐：「他過度看重生物遺傳，到了誇張的地步，以為所有的個性特質都來自遺傳。」[16]貧窮、懶惰、辨識鳥類的能力，全都流淌在血液裡！

大衛．斯塔爾．喬丹是最早把高爾頓的思想帶回美國的人之一，他從一八八〇年代、優生學還未廣為人知之前，就開始在印第安納大學的講座中加入優生學的觀點，[17]大衛告訴學生，貧窮和墮落等特質都是會遺傳的，[18]因此要像「排乾沼澤汙水那樣消除它們」。[19]後來，他開始把這些思想帶出教室，在知名政治人物雲集的大型聚會上發表演講，警告說：「唯有繁衍優質人類，國家才能長久。」[20]

他在一八九八年發表了第一篇支持優生學的文章，[21]之後還出版多本鼓吹淨化基因庫的書籍，包括《人類繁衍》（*The Human Harvest*）、《國族之血》（*The Blood of the Nation*）、《你的族譜》（*Your Family Tree*）。大衛在書中列舉出他想從地球上清除的各種「劣等人」——窮人、酒鬼、低能兒及道德敗壞的人，[22]他把他們統稱為「不合格者」（the unfit），不合格者！這個名詞還真是朗朗上口啊，他把自己對於哪些人才配活著的想法，披上了優生學的科學外衣。不合格者並非對某人的評斷，而是自然界的真實狀況。

大衛在巡迴演講的途中，還會特意前往教堂和救濟院，[23]並告誡那裡的工作人員，說他們的慈善行為「會提高不合格者的生存率」，而危及社會。[24]他還告訴他們要對奧斯塔村的情況引以為戒，說那裡的許多「低能兒」及「患有甲狀腺腫的人」，流著口水、四處遊蕩向人乞討，且舉止不雅；[25]他甚至聲稱有個老婦人「像狗一樣舔我的手」。他還找人畫出他在那裡見到的人——一個拄著拐杖的缺牙老婦人，瘋狂地擠眉弄眼，臉上還長了難看的肉疣；一個男人的甲狀腺腫得像椰子那麼大。[26]他警告大家，如果社會不採取行動，人類就會淪落到這種慘況。

那有什麼解決方法嗎？一些優生學家主張付錢給菁英階層，讓他們多生孩子，為基因庫提供更多的「優質」基因。還有人建議合法化上流階級的一夫多妻制。[27]

但大衛・斯塔爾・喬丹認為他的主意更棒，此舉能落實他曾向學生提出的「根除」劣等人計畫，大衛向聽眾保證，只要切除不合格者的生殖器官，那麼「每個低能兒就不會再有後代了」。[28]

在這類言論及其他優生主義先驅的推波助瀾下，全美各地開始出現祕密的絕育手術，偶爾甚至傳出有人遭到處決的消息。芝加哥有個名叫哈瑞・海瑟登（Harry Haiselden）的醫生，從一九一五年開始便任由殘疾嬰兒死去，[29]並因此獲得「黑鸛」的綽號。[30]還有傳言指出伊利諾州有家精神病院，故意用帶有結核病菌的牛奶殺死病人。[31]上述這些黑歷史是由學者保羅・倫巴多（Paul Lombardo）勇敢揭發的，他說有一小群醫生對於自己曾幫不合格者絕育感到很得意，[32]還有不少醫師以「悄無聲息的方式」違法施行絕育手術。[33]

但大衛・斯塔爾・喬丹是個虔誠的清教徒，他不喜歡觸犯法律，因此他開始鼓吹把優生絕育合法化，經過他一幫在地朋友的努力奔走下，印第安納州率先於一九〇七年立法實行強制性的優生絕育，在美國及全球都搶到了頭香，[34]兩年後，加州也在大衛的幫忙下跟進。他如此不遺餘力地投入這項事業，於是獲得美國育種協會的邀請，出任優生委員會的主席，而他也欣然接受。[35]

然而，在我整個受教育的過程中，渾然不知美國曾在優生運動中扮演領頭羊的角色，這令我完全無法置信。優生學似乎跟飛來波女郎（flappers）＊及福特的T型車一樣，都曾在美國文化中風靡一時。優生學並非一種邊緣運動，而是獲得民主與共和兩黨的一致支持；[36]二十世紀的前五任美國總統都很看好優生學的前景；一些頂尖名校也都開設了優生學課程，包括哈佛大學、史丹佛大學、耶魯大學、加州大學伯克萊分校、普林斯頓大學，以及西岸的多家大學。[37]

市面上不但推出了優生雜誌、優生化妝品，甚至還有優生寶寶競賽呢，通常會在熱鬧非凡的州博覽會舉行，人們聚集在喜氣洋洋的白色帳篷下，選出最優質的家庭與最優質的嬰兒，比賽方法就像評選最優質的南瓜一樣：測量嬰兒的尺寸和重量，皮膚最白皙、腦袋最圓整、五官最勻稱的嬰兒都將獲頒藍絲帶。[38]

那魯蛇該怎麼處理呢？慢慢地，有越來越多州通過了絕育法：康乃迪克州、愛荷華州、紐澤西州；染上性病怎麼辦？咔嚓剪掉；癲癇？剪掉；非婚生嬰兒、有犯

＊譯者注：一九二〇年代的西方，行為舉止獨立的年輕時髦女子。

罪紀錄、大學測驗分數低？全都剪掉。

不過實際的絕育率並不高，大衛幫忙制定的優生絕育法規定，「不合格者」必須先接觸司法、醫療、教育或社福系統，然後才能進行絕育手術。

但一個名叫麥迪森・格蘭特（Madison Grant）的美國人，[39]在一九一六年出版了一本被希特勒奉為聖經的優生學書籍，該書名為《偉大種族的延續》（*The Passing of the Great Race*），[40]格蘭特在書中提出了一項政策，其觀點與高爾頓在科幻小說中的主張不謀而合：政府應當假慈善之名，把國內「道德敗壞、有精神缺陷及有遺傳缺陷的人」全部集中起來，[41]並施以絕育手術。[42]美國的優生學家一致認為這是個絕妙的好主意，十多年後，希特勒通過了德國第一部強制絕育法時，美國優生學家約瑟夫・德雅內特（Joseph DeJarnette）醫師還非常遺憾地說：「明明是我們的主張，卻被德國人搶了先機。」[43]

但並不是所有美國人都擁護這個清洗基因來創造美好社會的計畫，反對者的聲音也很響亮，例如美國律師協會的主席便曾在一九一〇年斥責優生絕育是「野蠻的行為」；[44]俄勒岡州反絕育組織的律師代表更怒斥優生絕育是「暴政和壓迫的機器」；[45]天主教的反對則是最強烈的，因為它褻瀆了生命的聖潔。賓州州長山繆・

潘尼派克（Samuel Pennypacker）更早在一九〇六年便遏止了世上第一部強制絕育法，他說：「允許這種手術，就是在迫害那些州政府承諾要保護的無助族群。」[46]

科學界也湧現反對的聲浪，越來越多學者怒斥優生學的科學理論根本是「胡說八道」，[47]他們指出，優生學家認為應當透過絕育加以根除的許多特質——貧窮、濫交、文盲、犯罪——其實與此人的後天環境息息相關。有些科學家則質疑「退化」一說的可靠性，也不認同慈善資助會導致受助者身體退化的說法，他們更不相信生命會像大衛說的那樣「倒退」，也不相信海鞘是因為依賴其他物種提供食物，而退化成一種定棲囊袋動物，他們提出的質疑後來都證明並非空穴來風。

最重要的是，大衛和他的前輩法蘭西斯．高爾頓都忽略了《物種起源》中提到的關鍵點，達爾文認為一個物種想要變強大的最佳方式是什麼？究竟是什麼因素讓物種能挺過各種形式的打擊——洪水、乾旱、海平面上升、氣溫波動、競爭者入侵、天敵及害蟲——而得以生生不息地延續下去？

答案是：變異（variation），**基因的變異會改變物種的行為和身體特徵，同質性就等於被判了死刑；一個物種若沒有突變體和異常者，就極易遭受各種自然因素的侵害**。達爾文幾乎在《物種起源》的每一章中，都大讚變異的力量，[48]他讚嘆多樣化的基因庫，能讓物種變得更健康、更強壯，[49]不同類型個體的雜交，能使它們的後代擁有更強的「生命力和繁殖力」，[50]就連能夠完美自我複製的蠕蟲和植物都具備交配能力，這也是為了讓基因庫保持多樣性，達爾文盛讚道：「這些事實好奇怪啊！但如果我們從不同個體間的偶然雜交是有利或必須的角度來解釋這些事實，不就很簡單明瞭了嗎？」[51]

雜交的另一種說法是「基因組合多樣化」，[52]因為我們永遠無法得知當環境改變後，哪些特徵會是有用的，所以達爾文不遺餘力地警告人們千萬不要越俎代庖，妄想干預此過程。[53]他認為人類很容易被表象蒙蔽，因而無法理解基因的複雜性，那些看似「不適應環境」的特徵，實際上可能對物種或生態系統有益，[54]或是會隨著時間的推移、環境的改變，而變得對物種的生存或生態系統有益。例如：長頸鹿的難看長頸，是讓牠在競爭中勝出的特徵；海豹的笨重脂肪，也是讓牠得以熬過嚴寒的利器；而古靈精怪的人腦，正是各種難以理解的發明、發現和變革之關鍵。

達爾文指出：「人類只能對外在和可見的性狀做選擇，但大自然是不看表象的……而是在每一個內部器官、每一丁點體質上的差異，以及整個生命體，發揮她的作用。」[55]

就拿藍綠菌（cyanobacteria）來說吧，它在人類眼中只不過是個極不起眼的綠色微粒，所以數百年來，連個名字都沒有。[56]直到一九八〇年代的某一天，科學家意外發現我們呼吸的氧氣，有很大一部分是由它製造的，所以現在我們開始懂得珍惜並努力保護這些小不點。而達爾文早就預見這樣的情況，所以才會明確地警告人們，不要試圖幫地球上的生物分等級：「無人能預測最終會是哪個類群勝出。」[57]

對於人類無法理解的生態複雜性，所抱持的這種敬畏之心與戒慎恐懼，其實是一種非常古老的思想，也是一個基本的哲學概念，有時被稱為「蒲公英原則」：隨著情況的不同，蒲公英會被視為必須鏟除的雜草，或是被當成藥材加以培植。[58]

但優生主義者卻沒有考慮到這個簡單的相對性原則，一心只想清除基因庫中「不可或缺」的多樣性，[59]結果錯失了培育出優良人種的大好機會。

被掩蓋的非法絕育手術

然而上述這些論點，不論是哲學的、道德的，還是科學的，似乎都無法動搖大衛對優生學的確信，他和其他優生學家齊聲批評反對者天真、感情用事、目光短淺無法看清大局。[60] 大衛在《你的族譜》一書中宣稱：「教育永遠無法取代遺傳，[61] 有句阿拉伯諺語說得好，『爸爸是野草，媽媽也是野草，你能指望女兒會長成一朵高貴的番紅花嗎』？」[62]

面對越來越多的異議，大衛反倒更努力推動美國的優生絕育計畫，他說服一位富孀朋友瑪麗·哈利曼（Mary Harriman）捐出五十多萬美元（相當於今日的一千三百萬美元），[63] 在紐約州的冷泉港設立一個漂亮的研究機構：優生檔案中心（Eugenics Record Office, ERO），以便收集上萬名美國人的大量數據，研究人員利用這些資訊建構家族圖譜，[64] 並指稱貧窮、犯罪、濫交、詐欺、喜歡海洋（被冠上了「嗜海症」的臨床術語）[65] 這些複雜的現象，早已由血液決定了。

雖然ERO確實獲得一些經認可的發現，例如白化症和神經纖維瘤病的遺傳性等有用資訊，[66] 但其他大部分結論都遭到推翻。[67] 而且ERO的研究人員習慣偽造資料，還把小道消息當作事實。現在我們已經得知，代間的貧窮或犯罪傾向，其實是因為無法擺脫不良環境因素的影響。

儘管名聲響亮的ERO做了大量研究（他們甚至獲得洛克菲勒家族和卡內基

研究所的豐厚資助），但是到了一九二〇年代初期，公眾對優生學的看法已經開始改變，越來越多實施絕育手術的醫生面臨訴訟，紐澤西州最高法院並以「明顯的不人道和不道德」為由，[68]決定廢除該州的優生絕育法，看來大衛奔走全國努力推動優生計畫的夢想最終要落空了。

這時輪到亞伯特・普里迪（Albert Priddy）登場了。

梳著油頭的普里迪是個醫師，負責掌管維吉尼亞州林奇堡（Lynchburg）的州立癲癇暨弱智者療養院（Virginia State Colony for Epileptics and Feebleminded），他是一名狂熱的優生學家，只要是他看不慣的女性——花痴女、愛說髒話、愛四處遊蕩的女生，甚至只是在課堂上傳紙條的女生——都會被他施行絕育手術。[69]一九一七年，他被一個名叫喬治・馬勒里（George Mallory）的人告上法院，因為普里迪竟然趁著馬勒里出差期間，把他的妻子和女兒都做了絕育手術，他憑什麼這麼做？他居然說一個只有女人、沒有男人當家的房子，肯定是間妓院。

馬勒里在得知普里迪的惡行後寫信給普里迪：「我也是人，跟你是一樣的，你應該為自己的作為感到羞恥……你必須好好想一想她們遭到什麼樣的對待。」[70]但法官竟然站在普里迪這邊，不過院方感受到訴訟的壓力，敦促普里迪必須審慎施行絕育手術。哪知普里迪非但沒有悔改，反而變本加厲，他開始尋找案例，以便向陪審團證明「弱智」是會遺傳的，必須透過絕育來阻止。[71]

一九二四年的某一天，普里迪如願以償，[72]有個名叫凱莉．巴克（Carrie Buck）的女孩被送到療養院，她是一名孤兒，十七歲時被人強暴而懷孕，生下孩子後，養父母就把她送到療養院。普里迪一見到凱莉就有種似曾相識之感，她那高聳的顴骨、深邃的眼睛，原來她的生母艾瑪．巴克也因被指控賣淫而住在療養院。普里迪發現她倆的母女關係後，立刻安排ERO的一位知名優生學研究員，對凱莉的孩子薇薇安進行檢測。[73]該研究員做了一些測試，例如在嬰兒眼前晃動一枚硬幣，或是拍手測試她的注意力，[74]最後判定小薇薇安「表現落後」。[75]這次的官方評估讓普里迪得到他多年來夢寐以求的東西：證明「弱智」會傳三代。

一位名叫厄文．懷海德（Irving Whitehead）的律師受命幫凱莉辯護、拒絕接受絕育手術，[76]但是學者倫巴多的研究顯示，懷海德其實是支持優生絕育的，所以很有可能早就跟普里迪串通好了。當檢察官指控凱莉出自那種「不思進取、愚昧無知、毫無價值的階級」時，懷海德並未積極幫她提供有利的辯護（她在學校的成績很好，鄰居和老師都願意為她的好品行作證），只是不斷上訴到最高法院。

時間來到一九二七年四月，大衛・斯塔爾・喬丹已經七十六歲了，他的身體開始變得虛弱，那是因為一年前，做為芭芭拉的替身而生下來的小兒子艾瑞克，已經長大並成為一名古生物學家，[77]卻在採集標本的途中遭遇車禍身亡，得年僅二十二歲。此噩耗令大衛悲痛欲絕、心力交瘁，他的視力也因為長期接觸甲醛而受損，而且他還罹患了糖尿病，[78]所以再過幾年他就需要坐輪椅了。但此刻的他想必會為收音機裡傳出的報導感到振奮，由他幫忙成立的ERO科學家們正在向最高法院提供證據，宣稱「道德敗壞」存在於血液中，[79]但可以透過強制絕育而消除。這個概念原本只是存在於大衛腦海中的一個模糊想法，但在他努力不懈地宣導下，如今已成了地球上真實存在的一件事，且即將被寫進聯邦法律裡。

九位法官神情嚴肅地審議了證據，那些用華麗的詞藻寫成的文書，以及繪製精巧的家族圖譜，都在暗示絕育是保護公民免於犯罪、疾病、貧困和痛苦的有效方法。在法官眼中，凱莉是個膽小且很容易相信別人的女孩，在第一次聽證會上，他們問她是否要為自己說些什麼，她回答：「法官大人，我沒什麼要說的……就由諸位決定吧。」[80]最終是以八票贊成、一票反對的結果，通過了強制絕育合法化，「以防止人類陷入無能的泥淖」。[81]

五個月後，凱莉．巴克被送進林奇堡的療養院，然後被帶到一棟低矮的磚砌樓房的二樓，那裡有扇天窗，可以為手術提供額外的光線。[82]她躺在手術台上，恥骨上方被切開一道口，醫生用探針確定兩側輸卵管的位置後，便迅速將輸卵管結紮並切斷，最後用石炭酸封住切口，絕育手術便完成了。[83]

甦醒後的凱莉得知一個殘忍的現實：這世上再不會有個孩子擁有她那雙與眾不同的眼睛，以及她獨有的各種特質。她後來表示：「他們對我做了錯事，也對很多人做了錯事。」[84]

凱莉案的裁定為後續超過六萬起絕育手術鋪平了道路，它們全都違反當事人的意願，卻以「公共福祉」的名義進行。[85]當時為數眾多的「不合格者」早已被人遺忘，多虧了研究人員的努力，才讓她們的悲慘遭遇為世人所知。密西根大學的歷史學家亞莉珊德拉．米娜．斯特恩（Alexandra Minna Stern），於二〇〇七年在加州首府沙加緬度（Sacramento）市政府辦公室裡的一個老舊檔案櫃中，發現了一套微縮膠卷，[86]裡面的內容是一份優生手術紀錄表，完整記載了從一九一九年到一九五二年，在大衛的第二故鄉加州，每一個被強制絕育的女性個資，總數近兩萬人。[87]

斯特恩及其團隊花費數年時間分析這些紀錄，才得以拼湊出所謂的「不合格者」的真正含義，以及哪些人被歸入這個類別。斯特恩寫到，被歸類為不合格者的人「多半是被控濫交的年輕女性，或墨西哥、義大利和日本移民的兒女……以及那些跨性別的男女」。[88]其他研究則顯示，有色人種被強制絕育的人數高得不成比例，[89]美國政府也坦承曾在一九七〇年代初期，強迫兩千五百多名美國原住民婦女做了絕育手術。[90]北卡羅來納州優生委員會則曾在一九六〇與七〇年代，搜捕了數百名黑人婦女接受絕育手術。[91]最駭人聽聞的是，在一九三三年至一九六八年間，美國政府竟對三分之一的波多黎各婦女動了絕育手術。[92]

順帶一提，導致這些悲劇發生的裁決，迄今仍被保留在最高法院的案件紀錄中，最高法院的該項裁決從未被推翻。在美國法律的最高層仍有一條規定，如果政府認定你是「不合格者」，官員就有權把你從家中拖出來，用刀劃開你的腹部，讓你絕子絕孫。雖然大多數法律學者會告訴你，從技術上來講，由於各州都已經廢除了優生絕育法，因此該法算是處於懸而未決的狀態；但其實仍有近半數的州允許對所謂的不合格者進行強制絕育，只不過現在改用「精神障礙」或「精神缺陷」來形容手術對象。[93]

與此同時，強制絕育並未在美國絕跡，而是在那些服務低收入人口的醫院、美沙冬診所（meth clinic）、監獄、殘疾人服務機構裡「悄悄地」進行著，所以大部分手術根本沒有記錄在案，因此難以查獲。不過每隔幾年就會有一些重大案件曝光。例如在二〇〇六年至二〇一〇年期間，加州監獄曾對近一百五十名婦女做了非法絕育手術，[94]這些手術皆未徵得當事人的同意，有時甚至不會告知她們。二〇一七年夏天，田納西州一位名叫山姆・本寧菲爾德（Sam Benningfield）的法官，被曝光與輕刑犯談條件：只要同意絕育就可獲得減刑。[95]

這個法官抱持著跟高爾頓一樣的愚蠢心態，誤以為貧窮、痛苦和犯罪傾向，都流淌在人們的血液中，只要一把解剖刀就可以把它們從社會中根除。看來優生學的意識形態並未在美國死絕，而且恐怕甩不掉了。

若你有機會造訪華府的國家廣場，不妨走到二十一街向北望，就會看到法蘭西斯・高爾頓的銅像，矗立在美國的科學殿堂——國家科學院（National Academy of Sciences）的入口處。[96]若是到史丹佛大學一遊，只要沿著校園的主要幹道走，最先映入眼簾的便是篤信黑人屬於低等人的路易・阿加西的雕像，在雕像的後方有一棟巨大的砂岩大樓，它有著宏偉的拱廊與美麗的陶土屋瓦，該大樓為了向一位曾經巡迴全美演講、疾呼「消滅」社會弱勢群體的人士致敬，而命名為——喬丹樓。

第 11 章

自然之梯

大衛・斯塔爾・喬丹至死都是一名狂熱的優生主義者，沒有任何證據顯示他曾在臨終前表示過悔意或幡然醒悟。不論是對成千上萬名被他害得留下傷疤、恥辱烙印的受難者，或是對那些在他全力捍衛自身權力時被踐踏的人們——珍・史丹佛、被他誹謗的醫生、被他解僱的珍的眼線，以及被他指控為性變態的圖書管理員。

他的所作所為令人不寒而慄，他是那麼的冷酷無情且不知悔改，他的墮落之深、危害程度之廣，令我感到噁心。這麼多年來，我竟一直把一個惡人當成榜樣，他對自己的人格和想法充滿自信，以至於徹底漠視理性、道德，甚至無視於成千上萬人懇求他認清自己錯誤的呼聲——我也是人哪，跟你一樣。

事情怎麼會變成這樣？當初那個關心「隱祕角落裡的微不足道事物」的可愛男孩，[1]後來為什麼會對他過去努力保護的事物拔刀相向呢？他的人生是從哪裡開始走歪的？原因又是什麼？

仔細剖析大衛的人格特質，罪魁禍首似乎是他最引以為傲的「樂觀之盾」，學者路德・斯波爾寫道：「大衛的自信挺嚇人的，他總認為自己想要的就是對的。」[2]更令他吃驚的是，大衛的自滿、自欺和頑固，似乎與日俱增。「當他相信自己選擇的道路是通往進步的正當途徑時，他清除路上阻礙的能力也倍增。」[3]雖然大衛在公開場合強烈反對自欺，但私底下的他卻相當依賴自欺，尤其是在遇到考驗的時候。他相信，是人的意志決定了命運。或許就像那群心理學家說的，正向錯覺必須小心審視和約束，否則可能會變得邪惡，並擊退任何阻礙它的東西。

但這就是全部的原因嗎？大衛會把優生絕育計畫推動到什麼地步？他的過度自信、堅毅和傲氣加在一起，肯定混合成一杯危險的雞尾酒，但似乎仍不足以徹底解釋他為什麼會如此狂熱地投身於基因清洗事業。

我打算調過頭來，從他的過去找出那個轉捩點，究竟是哪個事件或想法，改變了他的人生航道，並使他不幸誤入歧途。我回顧了他人生中的幾個重要階段：乘船橫渡太平洋、在帕羅奧圖打造伊甸園、布魯明頓的大火、童年時熱切仰望的家鄉星空。年復一年，我仔細搜尋他的故事，分析他的各種際遇，就連他的魚標本收藏品也沒漏掉。

最後，我發現自己來到了佩尼克塞島上的一座穀倉，頭上有一圈燕子在盤旋，仔細研究路易．阿加西是如何在年輕的大衛心中植入那個想法：大自然中有一把梯子，一把自然之梯，從細菌到人類，皆在此神聖之梯上有其位分，且客觀地說，當然是越往上越好囉。

這個想法重塑了大衛的世界，把他年幼時被人鄙視的採集花朵習慣，一下子提升為「最高等級的傳教工作」，[4]他心裡的空洞立刻被這個目標填滿，並引領他度過這一生，他找到了工作、獲得各種獎項、娶了妻子、生了孩子，甚至還當上大學校長。這個目標為他提供動力，讓他投身於工作，並撐過一次又一次的災難。他持續向前行，把大自然當成羅盤，相信某個魚鰭或頭骨中蘊藏著道德指引。他相信只要自己仔細觀察，就會發現誰值得效仿、誰該受到譴責；這樣他就可以找到通往光明與和平的正確道路，並摘到位於梯子頂端的果實。

當他認為人性開始墮落，便覺得自己責無旁貸，必須出手挽救，且願意採取任何必要手段。他把自己對自然秩序的信念當成一柄利刃，努力說服人們絕育是拯救人類最穩當，且是唯一的方式。

六月的某個早晨，長年研究大衛的學者路德．斯波爾在電話中告訴我：「我真希望他曾像奧利佛．克倫威爾（Oliver Cromwell）說的那樣，『我拜託你看在上帝的分上仔細想想，你說不定是錯的』。」[5]

「你的意思是希望他曾反躬自省？」我問。

「是的。」

但他沒有，儘管他的導師曾警告說：「一般而言，科學與信仰是道不同不相為謀的。」可是大衛卻快速接受了自然之梯的想法，即便面對一波又一波反證，他仍深信不移。

當達爾文現身駁斥上帝造人的說法後，大衛雖然接受了「地球生物的出現純屬偶然」的觀點，卻還是想方設法為完美階梯理論保住一席之地。他告訴自己，打造階梯的是時間（而非上帝），時間一點一滴地打造出更能適應環境、更聰明、道德更高尚的生命形式。

當他的優生學議程遇到越來越多的反對聲浪時，當法官、律師和州長試圖推翻優生絕育法時，他竟然寫文章斥責他們是感情用事且不尊重科學。[6]當科學家們質疑優生學，指出該學說對於道德遺傳性及退化的概念含糊其詞，大衛便質疑他們的勇氣，以及打造更美好社會的決心。

不過最有力的反證或許來自自然，要是大衛聽從自己的建議，從自然中尋求真理，他就能在鱗片、羽毛、動物的叫聲中找到各式各樣的反證。而且動物的表現幾乎完全勝過自以為優越的人類：烏鴉的記憶力比我們強，[7]黑猩猩的模式識別能力比我們強，[8]螞蟻會救助受傷的同伴，[9]寄生蟲比人類更忠於一夫一妻制。[10]在實際考察地球上的各種生命後，你會發現要讓人類榮登某個單一等級的榜首，恐怕得費盡九牛二虎之力。我們的腦力和記憶力都不是最強的，我們也不是跑得最快的，更不是最強壯或最多產的。至於從一而終、有利他精神、會使用工具和語言，也非人類獨有。我們的基因複本數也不是最多的，我們甚至不是最新出現的物種。

這正是達爾文費盡心力想讓讀者明白的道理，沒有所謂的自然之梯。他從科學的角度大聲疾呼：**自然界不會跳躍發展，自然之梯純屬想像而非真理，純粹是「圖個方便」的說法**。[11] 對達爾文來說，寄生蟲是個適應能力非凡的案例，是個奇蹟而非令人討厭之物。[12] 世上的生物有大有小，有的長羽毛有的長鱗片，有的帶刺有的光滑，這證明了這個世界上有無數多的生存和繁衍方式。[13]

那為什麼大衛看不清這一點呢？堆積如山的反證與他對自然之梯的執念背道而馳，他為什麼要維護這個武斷的信念，認定植物和動物應該按照一定的方式排列？為什麼當此信念受到挑戰時，他硬是要採取暴力手段？

或許是因為這個信念給了他比真理更重要的東西吧。

那不只是大衛年輕時在佩尼克塞島燃起的第一縷人生火花，也不只是工作、事業、婚姻和一種舒適的生活，而是某個更深刻的東西，它能將翻騰的泥沼、海洋、星辰及他那茫然的生活，變得清晰閃亮和井然有序。

從他讀了達爾文的著作，到他推動優生學的這段期間，不管任何時候，只要他放棄了對自然之梯的信仰，他就會變回當年那個茫然失措的小男孩，顫抖著面對這個剛剛奪走他哥哥的世界。這個惶恐不安的孩子，無力面對這個他無法理解或控制的世界。放棄這個等級制度，無異於釋放出生命的龍捲風，把甲蟲、老鷹、細菌和鯊魚全捲到空中，圍繞著他，在他頭頂盤旋。

那會令人迷失方向。

那會是一片混亂。

那會是——

我從小就極不願意面對的世界，感覺就像是跌落到世界邊緣，像是跟著螞蟻和星辰一起墜落，漫無目的、毫無意義。**那殘酷的真相，在混亂的漩渦中竟如此清晰：你無關緊要**。

那就是自然之梯帶給大衛的東西，它是一帖良藥，一個立足點，一份既可愛又溫暖的價值感。

想通這一點後，我便可以理解大衛為何要堅守自然之梯的信仰，以及他為何會如此凶悍地保護它，甚至不惜違反道德、理性和真相。所以即便我鄙視他的所作所為，我也不得不承認，在某種程度上，他所追求的正是我渴望得到的東西。

我闔上那本封面為橄欖綠色的回憶錄第二卷，總算讀完了大衛・斯塔爾・喬丹的生平故事。我把書順手放在床頭櫃上，我仍借住在好友海瑟位於芝加哥的公寓裡。今天的夜晚很安靜，海瑟跑去城市另一頭的男友家中留宿，市街的明亮燈光從窗戶照進屋內。

天上有幾顆星星依稀可見，但它們確實在那裡，在被人類瞎搞成粉色的夜空後方眨著眼睛，而我也回到了我拚命想要逃離的地球。在這個蒼涼的地球上，無論你做什麼，無論你多麼相信自己的使命，無論你多麼努力地懺悔，都不會得到安慰和承諾。我的生活中曾有許多美好的事物，卻被我自己搞砸了，我不想再欺騙自己了：捲髮哥再也不會回來了，大衛・斯塔爾・喬丹無法帶領我走進美好的新生活。**世上沒有戰勝混沌之力的方法，也沒有任何生存指南或捷徑或神奇的咒語，能保證一切都會變好**。

那麼，在放棄希望之後，我該何去何從呢？

第 12 章

蒲公英的啟示

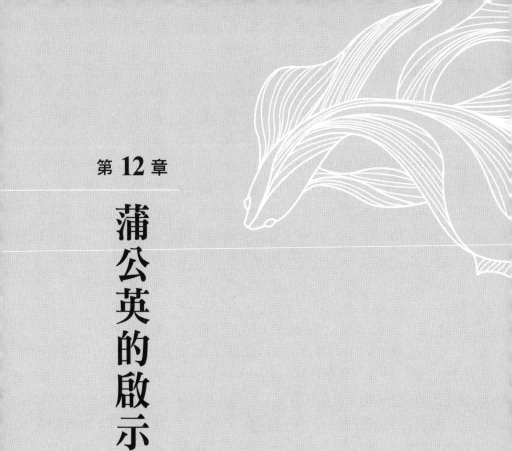

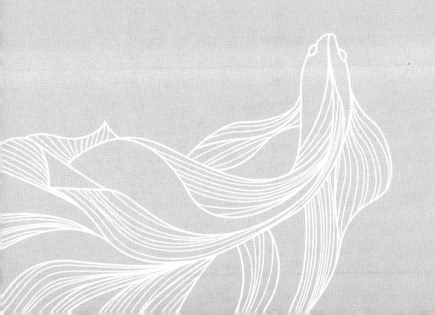

在前往林奇堡的路上，賣槍的店多到不行，就連加油站也來湊一腳，廣告上寫著：「新款格洛克手槍到貨！」「快來本射擊場！彈藥七五折優惠！」我正開車前往維吉尼亞州立癲癇暨弱智者療養院，大衛最瘋狂的想法就是在這座用高牆圍起的集中營裡實現的，成千上萬的人被關在這裡與社會隔離，還被強制做了絕育手術。

過了詹姆斯河（James River）後，我右轉到柯洛尼路，這是一條鋪了柏油的雙向單線車道，長約一．六公里。在療養院的大門前有個鋪著碎石的停車場，從這裡可以看見遠處的藍嶺山脈，群山像淡紫色的薰衣草花海般連綿起伏，只可惜遙不可及。

當我朝入口處走過去時，才發現這裡已經沒有大門了，只剩一側還聳立著一大面磚牆，像是在提醒訪客，從前這裡就是院界。前方有面告示牌，註明這裡是禁菸區，以及此地現在已改名為維吉尼亞州中部培訓中心。想不到這裡仍是一所由州政府營運的公營照護機構，而且還有一些殘疾人士住在這裡，令我頗感意外。不過在我到訪的幾年之後，這間培訓中心就關門大吉了，因為有人發現這裡的居住條件不合規定。[1]

院區的規模比我想像的還大，面積廣達數百英畝，共有六十多棟建築雜亂地分布其中。我把車子停在一棟陰森的磚樓前，此樓高計四層，頂樓上方還有一層白色的塔樓，樓面由六根白色的圓柱支撐，有一座巨大的樓梯通往入口。這就是療養院的主樓，好多人曾在這裡接受檢查，並判定他們的基因不適合延續下去。停車場裡只有一輛警車，跟我的車子隔了兩個車位，我不確定能否待在這，所以試探性地下了車。

我走過一條條小路，經過數十棟磚樓，磚樓的外牆遍布黑色的黴跡，如今都已人去樓空，只剩下較靠近山腳，且遠離這些可怕遺跡的部分設施還在營運。然後我經過已經廢棄的穀倉和田地，過去那些被關在這裡的人，就是被迫在這裡養牛、養豬及種植各種農作物，但獲利卻全歸療養院。[2]我還經過了涼亭、鞦韆架和一片墓地，美洲鷲在廣闊的天空中盤旋。

我穿過大門進入墓地區，發現裡面居然有一千多座墳墓：[3]艾瑪・畢夏普，得年十八歲；桃樂西・米契爾，得年十二歲；阿佛烈德・斯奈德，得年三歲。每座墳墓都是一塊平放在地上的小小長方形墓碑，上面沾滿了塵土。

我繼續往前走，腦中浮現一個令我不寒而慄的想法：這座遠離塵世的荒涼山頂，就是優生絕育計畫的發源地。過去我們總以為優生絕育計畫與美國的意識型態不符，[4]我們還告訴我們的子弟，這種慘絕人寰的惡行，只有像納粹那樣的外國壞人才幹得出來，誰知美國才是世界上第一個把優生絕育當成國家政策的國家。

最後，我終於來到了凱莉・巴克被施以絕育手術的那棟樓，那是一棟低矮的磚樓，外牆邊緣都已破敗，門廊上的木質地板條也已脫落，排水管更是嚴重鏽蝕。門廊的台階前掛著一條鐵鍊擋住去路：危險勿入。門廊下方有扇地下室的窗戶開著，我走過去趴在窗邊往裡面瞧，只見一排下沉式的房間，牆壁破舊不堪。這時一陣冷風迎面撲來，我抬頭向上望去，看到頂樓窗戶的四塊玻璃破了，白色的窗簾隨風飄揚，渾然不知裡面已經沒有人需要它們幫忙遮擋陽光，或是用來藏身與獲得安慰。

我永遠沒機會當面向凱莉・巴克求證，當年她在此地的遭遇，因為她已於一九八三年在維吉尼亞州的一家養老院內去世，她的女兒薇薇安更是早在八歲就因麻疹併發症離開人世，去世前不久，她還登上了當地小學的榮譽榜呢。[5]

不合格者的人生

之後經過幾個月的搜尋，我終於找到一位對這間療養院的情況極其熟悉的女士，她童年的大部分時間都被關在這裡，她叫安娜，她留著灰色的短髮，身穿花襯衫，背著一個皮包，看起來就像跟媽媽很要好的阿姨。

我倆第一次見面是約在連鎖冰淇淋店「冰雪皇后」（Dairy Queen），且不約而同地點了淋上巧克力醬的香草甜筒。她告訴我，她身上有道大傷疤，直直劃過腹部，留下了不平滑的紫色疤痕。不論是洗澡還是早上穿衣服照鏡子時，她都盡量避免看到它。「但我每天都會想到它。」[6]

一九六七年，她在林奇堡的療養院裡接受強制絕育手術，[7] 當時她十九歲，但她早在十二年前、年僅七歲時，就被關進療養院的磚樓裡，[8] 因為鄰居發現她跟弟弟們在自家的後院光著身子玩耍，而且無人看管。維吉尼亞州的社工來把他們帶走，但孩子們根本不想離開家。安娜愛她的媽媽，愛她的長髮和一切，而且天冷的晚上她會讓安娜上床一起睡，但鄰居們的擔心、爸媽的窮困，再加上安娜的智力測驗得分很低，使得七歲的安娜被判定為「不合格者」，她成了對人類的一個威脅。

安娜記得自己是被一輛巡邏車載過來的，在那條通往山頂療養院的狹長道路盡頭，一扇大門打開了，一名警衛揮手示意他們通過。她跟弟弟們被人推著走上那棟陰森主樓的台階，她不明白他們為什麼會在那裡。

院方並未立即幫她絕育，而是先剪掉她的長髮，然後發給她一個號碼，讓她就這樣等著。她等了一年又一年，但她明明應該在療養院外，自由自在地享受她的童年時光才對啊。

安娜告訴我，她們在療養院裡被當成動物對待，晚上睡覺時被趕進大通鋪裡，白天被迫無償工作，吃飯得在戶外排隊等候，就算下雨或下雪也不會通融。不聽話的人就會被關進「小黑屋」，裡面沒有燈也沒有窗戶，有時一關就是好幾天，而且裡面沒有廁所，也不給食物或水，她到現在都還記得光腳踩在自己尿液裡的感覺。她很難為情地告訴我，她曾被人強暴，但不是在小黑屋裡，而是在心理醫生的辦公室裡，他關上了門，把她的雙腿綁在檢查台上。

他們告訴安娜，如果她想離開療養院，其實不難，只要同意絕育就行了。但是年幼的安娜拒絕了，因為她聽說有人死在手術台上，[9] 她還看到墓園裡的墓碑越來越多。

而且她想要有孩子，孩子是她唯一的夢想，她想建立一個溫馨且充滿歡聲笑語的家，她知道自己有能力做到，院裡的工作人員肯定也知道這一點，因為安娜在療養院的工作就是照顧其他孩子——幫他們洗澡，唱歌給他們聽，幫他們穿睡衣，哄他們入睡。但院方只准她照顧院裡的其他孩子，卻不允許她生養自己的孩子。

那麼多年來，她一直拒絕接受絕育手術，盼望有人能助她重獲自由——爸媽、校長，或是為公理抗爭的某個人，她拒絕交出她想為自己保留的那個身分：母親，這是讓她活下去的希望。

一九六〇年代初期的某一天，一個名叫瑪麗的小女孩被送到療養院，她驚恐萬分只想回家，安娜回憶道：「我告訴她別擔心，一切都會好起來的。」[10]之後，十三歲的安娜就一直把小瑪麗帶在自己身邊，她會推著她盪鞦韆；當她倆要跟男孩子說話的時候，安娜讓瑪麗抓著自己的衣服；她還告訴瑪麗哪些工作人員要避開，哪些人會給她們糖吃。瑪麗後來告訴我，要是沒有遇到安娜，她不知道自己能否在療養院裡平安活下來。[11]

安娜終於從少女長成大人，不但雙腿長出了結實的肌肉，心智也變得更堅強，於是某天，安娜設法翻過圍牆並逃進樹林裡。她不停地跑著，下了山、穿過樹林，向火車跑去，只要逃到外面就好。但她還沒進城就被員警抓住了，他們開車把她送回療養院，大門在她身後關上，她因為試圖逃跑被痛毆一頓，他們還拽著她的頭去撞牆。

不合格者，不是一句評語，而是她的人生寫照。

時間快轉到一九六七年的八月，[12] 安娜在幾個月前滿十九歲了，那天很悶熱，護理師告訴安娜她必須做個檢查，她把安娜帶到檢查室，在她臉上綁上面罩後就離開房間了。安娜看到四周的牆壁開始起伏並變得模糊，她以為自己要被安樂死了，她說：「我還以為我會死掉、再也醒不過來，但最終我醒了。」

人雖然甦醒了，但安娜發現自己的肚子上纏著繃帶，醫生隨便幫她縫了二十五針，試圖掩蓋搶走她生育能力的痕跡，沒人告訴安娜他們對她做了什麼，他們只是告訴她，她很快就可以離開了。

如今安娜住在一間兩房的公寓裡，距離療養院只有幾公里，與她同住的是安娜從十三歲就結識的好友瑪麗，過去十幾年裡，兩人一直住在一起。瑪麗在離開林奇堡後曾經嫁給安娜的弟弟羅伊，雖然這段婚姻沒有維持很久，但並不影響安娜和瑪麗的好交情，所以從那時起，兩人便以姐妹相稱。

我到的時候是安娜幫我開門，坐在單人沙發上的瑪麗則舉起拐杖向我招手，示意我上前擁抱她。一進屋我就聽到鳥叫聲，她們趕緊向我介紹那是她們養的一對鸚鵡，「帥哥」和「美女」，一隻黃色，一隻藍色。屋裡宛如一座植物叢林，有常春藤、多肉植物和吊蘭。沙發上坐著一個洋娃娃，穿著白色洋裝和粉色小運動鞋，它是人類嬰兒的完美複製品，有對漂亮的藍色眼睛和塑膠嘴唇。

瑪麗給我一個擁抱，安娜則去廚房幫我倒茶，順便把瑪麗的杯子也斟滿，然後她就坐到瑪麗旁邊的同款單人沙發椅上，告訴我她們離開療養院後就決定搬到同一條街上住。

瑪麗告訴我：「他們說安娜沒能力照顧孩子，但她把我的孩子顧得很好。」[13]瑪麗躲過療養院的絕育手術，並與第二任丈夫生了一個兒子，住在附近的安娜一有空就會過來照看孩子。「只要我需要她，安娜隨召隨到！」

安娜說：「那孩子真的好可愛。」她會帶他去公園玩，他最喜歡安娜追著他玩，總是一邊尖叫，一邊回頭看安娜有沒有追上來，安娜輕聲說：「我一直想要孩子，卻沒法生。」

瑪麗趕緊轉移話題改變氣氛，笑說養孩子才沒想像的那麼好：「齁，光是醫療費就夠頭大了……」

安娜的肩膀開始抖動，接著瑪麗也忍俊不住，屋裡充滿了兩人的笑聲，瑪麗的笑聲很豪邁，安娜的笑聲很輕柔。安娜給我看瑪麗兒子的照片，他現在已經是個大人了，留著一頭烏黑的頭髮，下巴像電影明星般帥氣，雙手摟著自己的孩子們。

瑪麗提議：「跟她說說你的孩子吧。」安娜這才向我介紹坐在沙發上的娃娃：「這是小瑪麗。」安娜說她去哪都會帶著小瑪麗，不管是上教堂還是去買東西，而且每晚都跟她一起睡。安娜說幾年前，她們住在拖車裡，但某天一場突如其來的龍捲風徹底摧毀那輛拖車，幸好兩人外出不在車內，但小瑪麗被困在廢墟中，所以現在安娜絕不會讓她單獨待在家裡。

瑪麗插話說，有時安娜會因為帶著娃娃到處跑而受到異樣的眼光，例如前幾天在公車上就有個女人一直盯著她看。「我對安娜說，『別把娃娃放在一邊！抱著她，別管別人怎麼想，她是你的孩子』。」安娜微笑著輕輕啾了娃娃的光頭，還拿玩具奶瓶湊上她堅硬的嘴脣，接著擦掉娃娃嘴邊根本不存在的牛奶。然後她把娃娃抱在胸前，娃娃消失在她的懷抱中，過了一會兒，安娜鬆開娃娃，輕輕搖著，還幫她拍嗝、輕撫她的後背。

我問安娜對大衛．斯塔爾．喬丹這種人有什麼看法，那幫人推動的優生絕育理念，從她身上奪走好多東西——她的自由、童年、生兒育女的夢想——安娜說她很憤怒。[14]

但她不想耽溺於憤怒，不願一直想著身上的傷疤，相反地，她努力過著優生學家認為她不配過上的生活，她喝著透心涼的冰茶，蒔花種草，甚至買了著色本，為一頁又一頁的可愛動物塗上色彩，狐狸在衝浪、狼在划獨木舟、兔子和蝸牛及蝴蝶一起跳著康康舞，它們全都玩得好開心哪。她自己根本沒什麼錢，卻很捨得在朋友身上花錢，逗他們開心。

去年聖誕節，瑪麗的兒子和孫子無法過來陪她，得知消息的安娜趕忙跑去買了一份最棒的聖誕禮物：一隻活潑的倉鼠，瑪麗對牠「一見鍾情」，還把牠取名為「糖腳」，她還不忘向我放閃，說她每天早上會把糖腳從籠子裡捧出來，用自己的臉頰貼上牠抽動的小臉頰，我彷彿都能聽到牠的呼嚕聲呢。

旁邊的鳥籠裡有個袖珍的迪斯可球燈，在陽光下徐徐轉動，投射出數十道微小的光點，帥哥和美女輕搧著翅膀，像是在拍手。我們杯裡的冰塊也隨著晨光轉動，不時叮噹作響，此時，客廳宛如一座充滿了歡笑和溫暖的動物園，人影和光影此起彼落，快活無比。

那天，在我開車回家的路上，不禁想起那幫優生論者，居然認為「不合格者」沒有活著的價值，甚至有可能危及社會，真的令我相當憤慨。

我不禁想起安娜腹部的傷疤，像這樣一低頭就會看到最高法院裁定「你這人毫無價值」的戳記，會是什麼感覺？那些優生學家似乎以為這道紫色的傷疤，是送給她的禮物，代表著國家好心讓你繼續活下去，而沒有當場殺死你，雖然他們可能很想這麼做。

我還想到，要是大衛．斯塔爾．喬丹看到我大姐，恐怕也會認為她是個不合格者，因為她連收銀員的工作都緊張到做不了。我在他眼中很可能也一無是處，我的悲傷令他反感，那是一種道德敗壞的象徵，我只不過是個嘴裡散發硫磺味的廢物。

我真想把他攻擊到啞口無言，並且義正詞嚴地怒斥他錯了：我們很重要，懂嗎！但我的大腦卻扯我後腿，我才剛舉起拳頭，下一秒就洩了氣。因為事實擺在眼前：我們顯然不重要，這是個殘酷的宇宙真相，我們只是宇宙間忽隱忽現的微塵，一點都不重要。如果我們忽略了「自己並不重要」這個事實，就會像大衛．斯塔爾・喬丹那樣自以為高人一等，正是這種荒唐的想法讓他做出那些令人難以置信的暴行。我們必須認清現實，在我們的一言一行、一舉一動中，都要意識到自己的渺小，否則就是在犯罪、在撒謊，會把自己推向妄想、瘋狂或更糟糕的境地。

唉，這可真是一團亂麻啊。

就像一條銜尾蛇（oroboros）咬住了自己的尾巴。

一條藍尾石龍子爬上高處想要復仇，卻被老鷹挾帶的真相給擊落。

我陷入了困境。

繫住彼此的無形紐帶

在安娜家做客的那天早上，當我們三人坐在客廳裡閒聊時，我竟問了安娜一個愚蠢的問題，那是個自私且白目的問題。當時她向我講述了自己被拘禁、被虐待、被強暴的經歷，以及被人當成弱智、被人推到泥裡、下巴被人打碎、生殖器官被人割除的種種慘況後，我居然問她：「是什麼支持你活下來的？」

這其實是我大半輩子逢人便問的問題，同時也是我花這麼多年研究大衛・斯塔爾・喬丹的原因，我更是打小就問過我爸這個問題。而且因為得不到答案，所以我一直不願忘掉捲髮哥，我想知道他為什麼能笑看人生，他那輕鬆處世的態度吸引我靠近，我也想擁有這樣的特質，但是不管我再怎麼努力，卻始終找不到答案。

安娜看著我，不確定該怎麼回答，但她開始認真思考這個問題，我刻意轉頭看著屋內的植物，想給她一些空間。

最後瑪麗忍不住出聲解圍：「是因為我啦！」[15]

安娜笑了出來，沒錯，當然是拜瑪麗之賜囉。

這當然只是瑪麗為了救場所說的玩笑話，是為了打破我的失言所造成的尷尬場面。但是我越回想，就越覺得這句話其實並不假，我回想起她們共居的公寓，裡面放著成對的單人沙發，養了成對的鸚鵡，就連裝冰茶的玻璃杯也是成對的。我還想起了坐在沙發上的小瑪麗，在籠子裡打轉的倉鼠，我發現了當時未曾留意的細節：**她倆之間有條看不見的線繫住彼此，她們細心地照顧彼此，努力消除對方的悲傷，你一言我一語地應和著每個玩笑，好讓氣氛保持輕鬆。**

即使過了這麼多年，安娜仍在照顧瑪麗，幫我開門的是安娜，幫瑪麗倒水的也是安娜，給植物澆水的還是安娜，因為瑪麗的膝蓋嚴重退化，疼得站不起來，就連瑪麗的現任男友也是安娜介紹的。儘管現在的安娜成了兩人當中個子較小、膽子也較小的那一個，而且她不像瑪麗那麼有成就（瑪麗有孩子、有孫子、有幽默感、有異性緣），但安娜依舊在保護瑪麗，她仍是當年那個推著瑪麗邋鞦韆的姐姐，只要能逗瑪麗開心的東西——邋鞦韆、倉鼠和冰茶，她都會幫瑪麗弄來。

而在每一次互動中，你都會看到瑪麗對安娜抱持的感激之情，她從不批評安娜對娃娃的熱愛，而是全力支持，瑪麗指著娃娃脖子上掛著的彩色串珠項鍊說：「這是我做的！」我能想像瑪麗一個人坐在自己房裡，安靜地把一顆顆珠子串在尼龍繩上，為好友精心準備這個驚喜。你看得出來，她時刻都沒有忘記要報答安娜在療養院裡的保護之恩，**而她也在回報中找到自己的人生意義**。

我繼續趕著路，隨著天色開始變得昏暗，我忽然想起她們在閒聊中提及的其他線索，她們曾告訴我，有個名叫蓋兒的教友每個月都會過來幾次，為她們做飯，幫她們處理帳單，陪她倆聊天。瑪麗的繼子喬希幾乎每天都會傳一些有趣的簡訊給她們，還有一位名叫馬克．波德（Mark Bold）的律師，為安娜奮戰了好多年，成功幫她爭取到兩萬五千美元的絕育賠償金，卻堅持不收任何費用。

鄰居格蘭特每天早上都在陽台向他們揮手打招呼；她們說公寓的管理員艾波妮是她們的守護天使，因為在她們的拖車被龍捲風摧毀後，多虧她居中奔走，才讓她們住進這間公寓。我想起我在櫃台做訪客登記時，艾波妮一聽我是來找安娜的，便抬起眼對我說：「那兩位是我的小甜心！」[16] 她指給我看桌上貼著的安娜的畫：一隻打盹的小狗、一隻臉紅的狐狸，她說兩人入住後便一直記掛著她的恩情，她說自己實在承受不起，不過她們的感激，確實為她每天忍受租客抱怨的疲累工作帶來了一絲溫馨。

這時，所有線索在我腦中慢慢兜攏起來，這群互相扶持、互相照應的人們，編織出一張小小的人際網絡，所有的互動看似微不足道——一次友好的揮手、一幅鉛筆素描、一條用塑膠珠子串成的項鍊，它們在外人眼中是那麼不起眼，**但是對網中人來說，那就是一切，是把一個人跟這個星球繫在一起的紐帶**。

這也是優生論者令世人感到不齒的地方，他們完全沒有考慮到這種社會關係網存在的可能性，他們從未想過像安娜和瑪麗這樣的人，也能實實在在地豐富她們周遭的社會，並回饋更多的光芒，使這張網變得更加堅實。如果沒有安娜，瑪麗沒把握自己能否在療養院活下來，安娜做了一件了不起的事，不是嗎？那可是牽涉到生死的大事，難道不重要嗎？

而我也是在那一瞬間突然頓悟，說安娜重要並不是謊言，同樣地，說瑪麗重要也不是在騙她，而且——坐穩了，各位讀者，你們也很重要。

這麼說並不是在拍你們馬屁，而是更準確地理解了自然。

這就是蒲公英原則！

對某些人來說，蒲公英只不過是一株雜草，但是對另一些人來說，蒲公英的作用卻遠不止於此。對草藥學家來說，它是一種藥，一種能幫肝臟排毒、清除皮膚汙垢、明目的藥。對畫家來說，它是顏料；對嬉皮來說，它是一頂皇冠；對孩子來說，它是願望。對蝴蝶來說，它是養分；對蜜蜂來說，它是交配的床；對螞蟻來說，它是龐大嗅覺地圖上的一個立足點。

我們人類何嘗不是如此？從星辰、永恆或優生學追求的完美視角來看，一個人的生命似乎無關緊要，只不過是一顆微粒上的一顆微粒上的一顆微粒，轉瞬即逝，但這也只是無盡觀點中的一種觀點罷了。在維吉尼亞州林奇堡的某個公寓裡，**一個看似無關緊要的小人物，卻變得非常重要，她是一位替身媽媽，是歡笑的源泉，並支持另一個人度過其人生中最黑暗的歲月**。

這正是達爾文極力想讓讀者明白的道理：世上絕非只有一種幫生物排序的方式，執著於某一種區分等級的制度，就會錯失更大的格局，看不見自然界的混亂真相，也就是「生命的整個機制」。[17] **好的科學會讓我們看到直覺之外，那個錯綜複雜的精采世界。好的科學會讓我們明白，在我們看到的每個生命體內，都蘊藏著我們無法理解的複雜性**。[18]

我繼續開著車子，想像全世界的蒲公英都一齊對我點頭，讚許我終於看清了真相。它們在車窗外向我招手，揮舞著黃色的絨球為我歡呼。經過了這麼長的時間，我終於找到了反駁我爸的論點：**我們很重要，我們真的很重要**。人類對這個星球、對社會、對身邊的人來說，確實是重要的，這不是謊言，也不是逃避，更不是犯罪，這是達爾文要教給我們的信條！相反地，隨口咬定我們不重要，那才是謊言，這樣的想法太悲觀、太死板、太短視，我能想到最髒的髒話就是：不科學。

我輕輕拍了拍方向盤，感覺自己搭在人造皮革上的手指變得更輕盈了，且更能掌控我的人生方向盤了。

不過還有一個問題尚待解決：我們該何去何從？雖然我們坐在車裡，開著車頭燈，懷抱著希望，但前方仍是空無一物的地平線。我依然確信我們的統治者是冷酷無情的，前方並沒有任何東西等著我們，沒有承諾、沒有庇護、沒有光亮，無論我們做了什麼，無論我們如何互相依靠，都將如此。

不過，那是因為我還未理解大衛故事的真正結局。

第 13 章

意外的轉折

大衛．斯塔爾．喬丹的人生，在九月一個舒適的早晨走到了盡頭，八十歲的他安逝於家中，身邊圍繞著他的眾多摯愛：狗兒、鳥兒、植物，以及人類。[1]前一天他剛經歷一次嚴重的中風，大腦的生物電終於背叛了他。他沒有痛苦地離開了這個世界，並在尤加利樹的清新香氣中吐出最後一口氣，火刺木則用剛結的橙色果實為他鼓掌送行。當地球慢慢轉向太陽時，大衛此生看到的最後一幕景象，說不定就是他最初的摯愛：高掛在夜空中的群星。

大衛去世剛滿一週年後沒多久，潔西便為他舉辦一場小型的花園派對，她敞開家門歡迎加州的學童到訪，她想著會有人來嗎？有人在意嗎？輿論對她摯愛的優生學家丈夫的風向已經轉變了嗎？根據報導，當天來了好幾百人，孩子們頭戴花環、手拿花籃，成群結隊地來到「這位偉大的人道主義者的花園……就像朝聖似的」。[2]

而且人們對大衛．斯塔爾．喬丹的崇敬之情並未隨時間的流逝而逐漸變淡，漫步在史丹佛大學的校園內，你會在圖書館裡看到他的半身銅像，心理系的一棟大樓以他的名字命名，還有多幅裱框精美的肖像，他的傳記作者愛德華．麥克納爾．伯恩斯用這段話概括他的一生：

世上沒幾個人能像他這樣，過了平衡、和諧且成果豐碩的一生……[3]他是美國培養出來的一位多才學者，不僅在教育、哲學和科學取得成就，還是位探險家、和平與民主的推動者，且是總統和外國政要的顧問。從一座山峰和一個生物學定律都以他的名字命名，即可得見他的才學之廣博。而且，他為促進國際和平所制定的最佳教育計畫，還獲得兩萬五千美元的獎金。說他像富蘭克林和傑弗遜等先賢一樣，展現了十八世紀的偉大傳統，絕非溢美之詞。[4]

對了，我們來說說那個國際和平獎吧！大衛晚年有很長一段時間，為避免第一次世界大戰爆發而奔走於各國，向外交界警示發動戰爭的危險性，當時他曾遇到許多阻力，甚至在某次演講中途被一位德國將軍打斷並怒斥：「夠了！」[5]為什麼大衛會如此投入不受歡迎的和平事業呢？因為他認為，戰爭會折損一個國家最優秀和最聰明的人，他顯然從未擺脫大哥魯佛斯英年早逝的陰影。

他還解釋說，如果最優秀的人紛紛戰死沙場，就會由「不合格者」繁衍後代，他對費城的數百名聽眾說：「如果一個國家派出最優秀的人去毀滅敵人，他們留下的空位就會由次等人取而代之，體弱者、邪惡之徒及不節儉的人將大量繁殖……把國家據為己有。」[6]換句話說，大衛之所以會成為一名和平使者，不過是為了實現他的優生學計畫。

以喬丹命名的山峰，就位在海拔一千兩百多公尺的內華達山脈中，[7]山頂開滿了橙色和白色的高山百合，它比我們絕大多數人都更接近太陽。但以大衛命名的事物遠不止於此，要是你漫遊全美各地，將會遇見一個又一個冠上喬丹姓氏的事物：兩所高中、[8]一艘政府的船、[9]一條城市大道、[10]位於印第安納州的一段河流、兩座湖泊（一座在阿拉斯加州[11]，一座在猶他州[12]）、一個著名的科學獎項（附帶兩萬美元的獎金），[13]以及一百多種魚類，例如喬氏笛鯛、喬氏喙鱸、喬氏蟲鰈。

大衛估計，在他那個時代有一萬兩千種至一萬三千種魚，[14]其中兩千五百多種是由他所帶領的團隊發現的。也就是說，從山頂洞人到他那個時代為止，他的團隊就發現了近五分之一的魚種。但其實許多魚是由被他視為社會價值不高的移民和「貧民」發現的，這兩類人正是他大力推廣的優生絕育運動所針對的目標族群，但大衛在科學紀錄中卻刻意不提此事。

學者潔西卡·喬治（Jessica George）近期的學術研究顯示，大衛在一八八〇年的太平洋沿岸之旅中，十分依賴移民的勞動力，有時甚至會威迫中國漁民和華裔漁民交出他們最好的漁獲。[15]大衛自己也承認，他經常在一個「小男孩」[16]、「混血兒」[17]或「葡萄牙小夥子」[18]的帶領下捕獲新的魚種，他曾寫道：「近來在日本捕獲的一百多個新種岩池魚中，足足有三分之二是由日本男孩捕捉到的，墨西哥海岸的『小夥子』同樣也幫了大忙。」[19]但大衛卻認為沒有必要正式表彰這些人，所以他們的工作、專業技能和魚類發現，全都是以大衛的名義載入史冊。

他也絕口不提自己對甲醛和乙醇過敏的事，但這其實嚴重影響到他處理標本的能力，他的同事喬治．麥爾斯（George S. Meyers）後來猜測，在一八八五年之後，大衛參與標本測量工作的次數「寥寥無幾」。[20]但這些事情完全無損他在魚種發現領域的教父級地位，據兩位當代魚類學家指出：「大衛．斯塔爾．喬丹的影響之廣，堪稱難以衡量……北美地區的魚類學家，幾乎都在學術和智識上與他有淵源。」[21]

唉。

大衛．斯塔爾．喬丹的故事似乎到此就結束了，他最終竟得以全身而退，完全不須為自己造下的罪孽受到任何懲罰，因為這就是我們生活的無情世界，在這個沒有意義的結構中，毫無正義公平可言。

不過故事其實還沒結束，因為我們這個無限混亂的世界，竟在她的袖子裡藏了一招必殺技，它能破壞大衛建立的秩序，並偷走他最珍視的東西。

各位看到了嗎？這是個陰險的招數，它散發出的光芒從分類學家的鏡片上閃過，在他們的解剖刀上折射，在這本書的封面上閃爍，混沌之力最終以陰險的方式，一勞永逸地摧毀了大衛的魚類收藏品。

這個陰招不是閃電、洪水或腐爛，也不是一座巨大的汙水池張開大嘴把它們全數吞沒，不是的，她的方法要殘忍得多：讓大衛自行了結。

大衛．斯塔爾．喬丹施展分類學技藝，遵循達爾文的意見，按照演化的近似程度對生物進行分類，但此舉最終會導向一個宿命般的發現。一九八〇年代，分類學家們意識到，魚類這種公認的生物類別，其實是不存在的。

鳥類存在。

哺乳動物存在。

兩棲動物存在。

但魚類並不存在。

魚類之死

我是在尹開淑（Carol Kaesuk Yoon）所寫的奇書《為自然命名》（*Naming Nature*）中，首次得知這個聽起來很奇妙的想法。當時我只是想多學點分類學的知識，而尹開淑的書就是這個主題中最近出版的一本。我希望對林奈、達爾文和DNA的知識有點涉獵，這樣我才能更好地理解大衛．斯塔爾．喬丹故事中的科學背景，而該書的內容令我大吃一驚。

尹開淑碰巧遇上了她所謂的「魚類之死」的過程，[22]話說一九八〇年代，她正在研究所攻讀生物學學位，對魚類存在的想法深信不疑，不過當時有一群「支序分類學家」（尹開淑說他們常被稱作「狂熱的支序分類學家」）[23]昂首踏入科學大門。支序分類學家（cladists）一詞出自希臘文的klados，意思是分支，而這正是他們研究的內容。他們一心想要確定演化樹上的真正分支，對人類的直覺不屑一顧。

支序分類學的首要原則很簡單：一個正規的演化族群必須包括同一個既定祖先的所有後代。你可以在演化樹的任何一處開始研究族群分類，你想研究脊椎動物？很好，那就把所有具備脊椎的動物納入，蛇？算；蠕蟲？不算。你想研究哺乳動物？可以，那你必須把第一個能產奶的生物的所有後代都納入，所以貓、狗、鯨都算，但爬蟲類動物不行！這樣你懂了吧。

支序分類學的另一個大原則，則直指那個看似簡單、實則很難回答的問題：誰跟誰的關係最密切？這個問題看似微不足道，卻是整個分類學面臨的難題。在一個充斥著乳頭、觸鬚和棘刺的世界裡，我們如何正確判斷哪些特徵能夠提供最可靠的分類線索？

在支序分類學派登場時，一種名為「數值分類學」（numerical taxonomy）的技術正巧也在流行，[24] 該技術是透過電腦的蠻力演算來確定生物在演化上的親緣關係。想要了解物種間的關係，只需輸入你能想到的所有特徵（如果是鳥類，就輸入鳥喙的類型、蛋的大小、羽毛的顏色、椎骨的數量、腸子的長度等），然後電腦就會顯示出可能的關係模式。理論上，兩個物種的相似處越多，它們的親緣關係就越近，不過電腦顯示的關係通常很無厘頭，完全剔除人類的直覺……讓人一頭霧水。

但支序分類學家卻能意識到，某些特徵比其他特徵更有用，因為它們能夠可靠地顯示出物種是如何隨著時間逐步演化至今，他們稱此為「共有演化新徵」（shared evolutionary novelties）。[25] 這些新增的特徵，例如全新的觸鬚或閃亮的黃色鰭，如果我們能找到它們在演化樹上的位置，就可以透過它們檢視不同代的動物或植物，然後更有把握地推測它們之間的演化順序，並且更有自信地宣布誰是誰的祖先。

這個方法既簡單又微妙，堪稱天才之舉，而且它逐漸揭露了一些令人驚訝的關係，例如：蝙蝠看似是有翅膀的齧齒動物，但其實牠和駱駝的關係更為密切；[26]還有，鯨其實是有蹄類動物（跟鹿同屬一個大類）！

尹開淑回憶當年那些支序分類學家走進教室的場景：他們迫不及待地貼上新繪製的演化樹，並指出那些被人類的直覺所掩蓋的驚人事實，例如：鳥類其實是恐龍；還有看似是植物的蘑菇，其實與動物的關係更接近。[27]而且他們通常會把最精采的戲碼留到最後上演，這個尹開淑口中的「殺魚儀式」，會令他們格外開心。[28]

她說，這些支序分類學家首先會指著三種動物的圖片：一頭牛、一條鮭魚、一條肺魚，然後問大家：「哪個是不一樣的？哪個生物與另外兩種生物的關係最遠？」這時，一定會有一個不疑有他的可憐學生舉手回答：「牛是異類，跟魚完全不一樣。」

尹開淑說：「這時候，支序分類學家的臉上就會露出狡黠的笑容，然後告訴那位學生錯在哪裡。」[29]

他們會提醒你，重點是找出牠們的共有演化新徵，要是你能不被鱗片這個特徵誤導，那麼你就會開始留意其他更有意義的相似點。例如：肺魚和牛都有類似肺的器官來呼吸空氣，但鮭魚沒有；而肺魚和牛都有的會厭（蓋住氣管的一片軟骨），鮭魚也沒有；肺魚的心臟結構與牛更像，而非鮭魚……諸如此類的相似點還可以繼續列舉下去。因此學生們最終會得出這樣的結論：與鮭魚相比，肺魚跟牛的關係更近。

尹開淑說，到了這個時候，支序分類學家就會加快速度鋸開演化樹，他們會告訴你，許多在水裡游的生物，雖然看起來像魚，但其實牠們與哺乳動物的關係更近；如果你能接受這個觀點，你就會赫然發現一個奇怪的事實：把「魚」當成一個合理的演化類別，根本是一派胡言，尹開淑是這麼說的，這就像是把「所有身上有紅點的動物」都看成是同一個物種，[30] 或是說「所有哺乳動物的聲音都很大」。其實你硬要把牠們歸為一類也不是不行，只不過從科學的角度來說，這種分類毫無意義，因為它無法揭示任何演化關係。

還是有點困惑嗎？那我們換個角度來看，假設千百年來，我們這些愚蠢的人類把所有生活在山頂上的生物都歸為「山魚類」（mish），那麼山羊、山蛤蟆、山鷹，以及身材粗壯、留著鬍子又愛喝酒的山地人，就全都算是山魚類。現在，我們假設這些截然不同的生物，竟然全都演化出能適應高山生活的類似外皮，假設這個外皮不是鱗片，而是格子花紋，牠們全都身披格子花紋，格子花紋鷹、格子花紋蛤蟆、格子花紋人，既然牠們有著相同的棲息地（山頂）和相同的外皮（格子花紋），那牠們應該是同一類，也就是山魚類，於是我們就這麼糊里糊塗地把牠們當成同類。

這就是我們對「魚」幹的好事——硬把一堆差異甚大的生物，一股腦地全部歸為「魚」類。

其實，在水面之下、在鱗片的外衣之下，存在著形形色色的生物，就像山上的生物一樣多種多樣。從演化的過程來看，肺魚和腔棘魚所屬的肉鰭亞綱（Sarcopterygii）算得上是人類的表親，牠們是肺部在上、尾巴在下的美人魚。然後是外表跟肉鰭魚很像、但內在截然不同的條鰭亞綱（Actinopterygii），例如：鮭魚、鱸魚、鱒魚、鰻魚、雀鱔。接著是鯊魚和鰩魚所屬的軟骨魚綱（Chondrichthyes），這是個令人費解的族群，我總覺得擁有光滑的皮膚和豐腴身體的牠們，跟哺乳動物的關係應該很近，但其實與有鱗的鱒魚和鰻魚相比，軟骨魚和人類的關係很遠，而且從演化的角度來看，軟骨魚也比我們老得多。

繼續沿著演化樹向生命之源接近，你就會發現盲鰻亞綱（Myxini）——別去查這個詞，雖然名字聽起來很可愛，但牠們是長著吸盤嘴和尖銳利齒的可怕傢伙，常跟長得像蛇的七鰓鰻（lampreys）一起被歸入無頜總綱（Agnatha）。終於輪到海鞘綱（屬於被囊動物亞門）登場了，大衛．斯塔爾．喬丹喜歡把這些定棲動物當成警世故事裡的懶惰蟲代表，雖然根據現代分類學家的看法，牠們並非脊椎動物，卻最早擁有類似脊椎的結構，那是一根被稱為脊索的軟骨柱，換句話說，牠們是創新者，而非倒退者。

但上述種種情況，在「魚」這個類別裡是看不到的，它遮蓋了細微差別，貶低了魚的智商，用惡劣手段硬生生把我們跟親如堂表兄弟的魚分開，以便製造出我們毫不相干的假象，就為了保住人類位在幻想的自然之梯頂端的位置。

聽好了，如果你仍執意要把所有像魚的生物歸入一個有科學依據的群體，那就照你的意思辦吧。你可以把有鱗的肺魚和腔棘魚送回水裡，和鱒魚及金魚歸為一類，你可以認定那才是牠們該待的地方。你甚至可以把牠們都叫做「魚」！只不過這麼一來，你必須把其他一些生物也扔進這個類別，這樣才能把同一祖先的所有後代都納入。

在水邊休息的青蛙？納入。
在天空飛翔的鳥兒？納入。
牛？當然也算。
你媽？她當然是魚啊。
但這樣是行不通的，更合乎科學的做法是，承認魚類只是我們長久以來的幻想，魚不存在，「魚類」並不存在。這個對大衛來說極其珍貴的分類，讓他在遇到困難時獲得安慰的生物，讓他花了一輩子想要看清的生物，其實從不存在。

改變觀念的慘痛過程

我想弄清楚魚不存在的說法已經流傳多廣了，於是請教了史密森尼學會下屬標本館的員工，我想知道：現今的魚類學家真的不再相信他們的研究對象了嗎？
去馬里蘭州那個上鎖的房間裡，參觀被大衛賜姓的那條魚時，我曾壯起膽子問帶我參觀的兩位分類學家：「魚存在嗎？」資歷長達半個世紀的分類學家戴夫．史密斯（Dave Smith）先是給了一些模棱兩可的說法，但最後還是承認：「可能不存在。」[31]他解釋說，當年支序分類學家剛出現時，他不願意相信他們，因為他們太「咄咄逼人」了，簡直跟狂熱的邪教徒沒兩樣。但後來他逐漸想通了，要想做好自己的工作，解密生物之間的真實關係，他就沒法否認他們的說法，「魚」其實是個無用的類別，因為有些魚並不具備滑溜溜、黏糊糊——分類學家稱之為「並系」（paraphyletic）*——的特徵。

後來，我還打電話給美國自然歷史博物館（American Museum of Natural History）魚類學研究單位的一位館長梅蘭妮・史蒂亞絲尼（Melanie Stiassny），詢問魚類是否已從其同行的眼中消失了，她回答：「是啊，這個觀點早就被廣泛接受了。」[32]我能想像她是面無表情地說出這句話。

自稱是「狂熱支序分類學家」的里克・溫特伯特姆（Rick Winterbottom）則告訴我：「這個觀點是違反直覺的！」[33]他比任何人都清楚這一點，過去三十多年

---

* 譯者注：指某一生物類群包含了一個最近共同祖先及其部分後代，但未包含其所有後代。

來，他一直努力向他的學生證明，自然界並不像我們人類以為的那樣幫生物分類。可惜這個觀點很難在學術圈外推廣，令他頗為沮喪，他也擔心人們寧可輕鬆相信直覺，才懶得費時費力尋求真相呢。*[34][35]

就連尹開淑自己也是費了好一番工夫才改變觀念，她寫道：

> 當時我還只是個少不更事的研究生，卻一次又一次地在演講廳、研討室、實驗室、科學會議上，在安靜的走廊裡，目睹（魚這個分類）被殺死的過程，真的非常痛苦。雖然我明白它的科學邏輯正確無誤，但還是有點痛心……。照著井井有條的支序分類學邏輯推論下來，我常覺得自己好像被耍了，被某種花招愚弄了。而且不是只有我一個人這樣想，我幾乎可以聽到別人的想法：喂，等等，為什麼要這樣？你們對魚幹了什麼好事？……但這並不是什麼騙人的戲法，而是赤裸裸的事實。[36]

尹開淑被迫放棄魚類的「慘痛」經驗對我來說彌足珍貴，因為我把她視為大衛・斯塔爾・喬丹的代言人。我非常了解大衛，他深信解剖刀能讓他看到生物間的「真實關係」，因此我相信他最終會接受魚類之死。他會剖開肺魚的大理石紋外皮，看看牠的肺部、會厭、多腔室的心臟，並感受魚這個分類在他的指尖間消散。但我也知道「魚類」對他來說何其珍貴，那是他在痛苦時的救贖，也是他的人生使命，所以對他來說，接受魚類之死並不容易。

但只要想到他會因此承受了某種程度的痛苦……就對我產生了一種奇妙的療癒

＊歡迎來到正文中唯一的作者注！感謝各位一路讀到這裡，我將跟大家分享一件奇事做為回報，那就是為自然界的生物分門別類，似乎是人類與生俱來的一種能力。尹開淑提到一個令人難以置信的醫學案例：一九八〇年代，有個英國人J．B．R因感染皰疹而引發腦水腫，並連帶損及相關的神經機能。J．B．R醒來後突然變了個人，無法正確區分自然界的基本類別，他分不清貓和胡蘿蔔、毒菌和蛤蟆，總之這方面是……一團混亂。但奇怪的是，非生物世界卻完好如初，他能分辨轎車和公車，桌子和椅子，完全沒問題，只有生物世界狀況連連。他與其他人的病例（搜尋「語義範疇特異性損傷」〔category-specific semantic deficits〕即可找到）顯示，人腦可能有一套建立秩序的預設機制——我們生來就有一套要為自然分類的理念，以幫助我們分辨哪些生物是同類、哪些不是，以及哪些生物位於頂層。還有其他一些研究則顯示，我們似乎從很小就開始遵循這些出於直覺的規則，例如：人在四個月大的時候就會區分貓和狗。這種直覺雖然是我們神經系統的一部分，但並不表示它所做的分類一定是對的；只能說這種能力是有用的，所以才會代代相傳，幫助我們成功應對和探索周遭的混亂。

效果，它讓我這個無神論者，腦中浮現一些禁忌的幻想，讓我樂到渾身起了雞皮疙瘩。看來就算是毫無悲憫之心的混沌之力，終究存在著某種宇宙正義。

魚不存在，所以呢？

這時，我的腦海中浮現一個有趣的畫面。

一名漁夫把手伸進裝著鱒魚的桶子裡，抓起一條特別肥美的鱒魚，然後啪的一聲，那條魚正好落在「魚不存在」這幾個字上。

然後他把真實存在的鱒魚賣了換錢。

我懂。

我真的明白他的感受。

看到宇宙偷走大衛．斯塔爾．喬丹摯愛的魚類，除了讓我獲得某種病態的滿足感，這件事還有什麼其他意義嗎？擴大來看，對於那些不需要把魚標本放進玻璃罐裡的人來說，魚類不存在這件事重要嗎？

這個問題開始困擾著我，我研究這些理論這麼多年，還把海瑟借我住的客房鋪了一堆演化樹的圖。正當我為腳下的世界和我們想的不一樣，而感到心情澎湃的同時，卻又擔心這一切只不過是語義學層面的情況，只不過是語言學派對中的一個小把戲，魚不存在，這有啥稀奇的。

所以某晚海瑟下班回家後，我決定跟她聊聊這件事，海瑟原本對這個話題沒啥興趣，但是拜我的痴迷之賜，她現在也已經十分了解了。我等她脫下外套、坐到沙發上，接著我端出紅酒和起司，這才問出我非常擔心的問題：「你覺得魚不存在這件事重要嗎？」

海瑟驚訝地看著我說：「當然重要啊！」

她以哥白尼為例，她說在他那個時代，光靠觀察就能想通星星並沒有繞著地球轉的道理，那該有多不容易。**所以討論問題很重要，然後絞盡腦汁思考問題，最終才能逐漸擺脫原有的想法**——以為每晚高掛在天幕的星星，會在我們頭頂上旋轉。因為，正如她說的：「當你放棄了星星，你就得到了宇宙，那麼放棄了魚類，你會得到什麼？」

我不知道答案，但當時我便明白了，這就是放棄魚類的意義。在魚的對面有某

種神祕的事物在等著我，放棄魚會換來某種東西。

而且我覺得每個人得到的東西都不一樣。

放棄星星也是如此。

對某些人來說，放棄星星很可怕，他們會覺得自己變渺小了、無足輕重、生活失控。他們不願相信事實，反倒殺掉散播消息的人，當哥白尼放棄星星，他被視為異端；當喬達諾·布魯諾放棄星星，被綁在柱子上燒死；當伽利略放棄星星，則被軟禁在家。

但是另外一些人則深受啟發，並激起他們的雄心壯志，開始投入發明或工程工作。一代又一代的有志青年成長後，努力不懈地想著如何把船發射到直覺認為不可能到達的地方，拜他們最狂野的夢想之賜，人類得以登上月球。

至於我嘛，我是在孩提時代放棄星星的，那天早上我和我爸站在甲板上，心中湧起一股涼意，我感覺自己好像漫無目的地在宇宙中漂浮，在那些不順心的日子裡，這會令我感到近乎致命的寒冷。

當我爸放棄星星後，他得以發明自己的道德觀，摒棄他認為毫無意義的規則——寫上回信地址、穿有袖子的衣服，以及不吃實驗用的小白鼠。

我相信放棄星星對傳教士、遊牧者、麵包師傅或製作燭台的工匠，產生的影響肯定都不一樣。

放棄魚類何嘗不是如此？

當尹開淑放棄魚類，她對自己向來頗為尊敬的科學圈感到憤怒，她擔心，棄直覺於不顧，恐怕會令大眾更不在意環境——但環境亟需我們的關注。[37] 儘管她的那本書用優美的措詞闡述魚類的死亡，但其實她的內心是渴望我們能夠像過去那樣，把牠們統稱為魚類就行了。

放棄魚類讓狂熱的支序分類學家里克．溫特伯特姆，獲得了人生目標，他帶著使命感前往全美各地巡迴演講，他不斷在黑板上處決一條又一條的魚，努力想讓大家明白真相。他感覺自己的神經正重新連結，人也更接近真相，所以他很想幫助別人也能看到事情的關鍵。不過經過數十年的努力，他現在也洩氣了，因為願意接受新觀點的人寥寥無幾，他無力打消人們對魚類的確信。「那真是一場漫長的戰役哪，三十年耶，」[38] 他嘆了口氣，「所以現在我決定轉攻高爾夫球，我的新目標是用小白球鋪滿林地和湖底……這點我倒是做得挺好的。」

至於不相信椅子存在的維吉尼亞大學哲學家特倫頓．梅里克斯，放棄魚類猶如讓他增加了一個生力軍，當我氣喘吁吁地告訴他魚這個類別已經消亡的消息後，他的反應是：「我其實不怎麼驚訝。」他本來就想讓學生們理解，**我們根本不了解周遭世界，就連腳下最簡單的東西也不是很懂，我們以前犯過錯、以後也還會犯錯。確信不疑不會帶來真正的進步，而應抱持著「遇錯則改」的態度提出質疑**。

當安娜放棄魚類——呃，她其實還沒放棄，不過她有問我，這個詞的意思是不是跟「不合格者」類似，人們曾把這個詞貼在她的背上，並用來把她關進磚樓裡，奪走她的童年，斷絕她生兒育女的機會。[39] 我告訴她，沒錯，就是這麼一回事。她點了點頭表示理解，然後說，她同情魚類，同情牠們被命名後，就無人聞問了。

動物行為學家強納森．巴爾科比放棄魚類之後，呃，其實他是這麼說的：他想先看看相關的基因研究，再決定要不要正式放棄。[40] 不過這個想法確實與他的觀察不謀而合，他早就出了一本書，名為《魚，什麼都知道：一窺我們水中夥伴的內在生活》（*What a Fish Knows: The Inner Lives of Our Underwater Cousins*），指出魚其實懂得很多，例如魚能辨識的顏色比人類多，在某些方面的記憶力、使用工具的能力都勝過我們，甚至還會區分古典樂和藍調，有些魚甚至能感受到疼痛。[41]

於是我開玩笑地問他，那我們該怎麼做，從此不再吃魚嗎？他平靜地表示：

「對啊。」我是還沒辦法做到這個地步啦，但我同意他的論點，這些在水裡游的生物，其認知的複雜程度遠超過我們的想像。但「魚類」一詞其實略帶貶義，我們用它來掩蓋魚其實懂很多的事實，並自我安慰說，我們其實跟牠們沒那麼親啦。

埃默里大學的著名靈長類動物學家法蘭斯・德瓦爾（Frans de Waal）指出，人類經常淡化我們與其他動物之間的相似性，藉此維持我們在那想像的自然之梯上的高位。德瓦爾指出，科學家堪稱是罪魁禍首，因為他們經常用專業術語來拉開我們與其他動物間的距離，他們把黑猩猩的「接吻」稱為「嘴對嘴的接觸」；把靈長類動物的「朋友」說成是「最喜愛的同盟夥伴」；烏鴉和黑猩猩明明跟人類一樣都會製造工具，但科學家硬要說兩者的「質」是不一樣的。

如果某種動物在認知能力上打敗我們，例如某些鳥類能記住幾千顆種子的精確位置，科學家就會說這是本能而非智力。德瓦爾把科學家的這些嘴砲都稱為「語言閹割」（linguistic castration），[42]我們就是這樣鼓起如簧之舌貶低動物的能力，用似是而非的新名詞來維持人類在自然界的至高地位。

我老爸不肯放棄魚類，還說他太喜歡這個詞了，他知道這個詞在科學上不夠精確，但他覺得它很有用。當我問他，使用魚類一詞會讓他體驗世界的方式受限，他難道不在乎嗎？他嘟囔著說：「我太老了，已經擺脫不了習以為常之事。」

我大姐倒是很乾脆地放開了魚，讓整個類別從她手中溜走，當我問她為什麼能這麼輕易就放手，她說：「因為這是生命的真相，而人類搞錯了。」她說她這輩子老是被人誤解，被醫生誤診，被同學、鄰居、爸媽和我誤解，她告訴我：**「成長就是學會不再輕信別人對你的評價。」**

每個人的感受都不盡相同。

尾聲

我放棄魚類之後

我還不知道，放棄魚類之後，我會得到什麼。但我知道我該離開芝加哥了，不能繼續躲在我的滌罪所（purgatory）＊裡。雖然住在海瑟的公寓裡很舒適，因為她一直堅信捲髮哥總有一天會回來找我，令這個位在二樓的小窩無比溫暖，但我終究得回到混亂的紅塵，繼續過我的人生，看看會發生什麼。

我費了好一番工夫，終於找到一份臨時工作，在全國公共廣播電台（National Public Radio）的科學節目擔任製作人，我很希望這個工作能就此讓我過得順風順水，要真是這樣就好了。

我在二月一個寒冷的下午，開著我的紫色小車抵達華府，並把行李搬進位在地下室的小公寓，廚房裡有張床，靠近天花板處有兩扇窗戶。這個時節的樹葉都已落盡，再加上晝短夜長，令人備感淒涼。

我每天走路上班，某天在路上被搶了，某天我滿三十歲了。我在這裡舉目無

＊譯者注：天主教義指稱教徒死後靈魂會暫時在此受罰。

親，在職場中感覺自己是個冒牌貨，我覺得人們早晚會得知真相，發現我其實是個不聰明的笨蛋、不稱職的記者，還是個曾經出軌的蕩婦，我就是個壞東西。

我不太敢跟人有眼神交流，我做了盲人的系列報導，老實說，跟看不見我的人在一起讓我很安心。我經常想起捲髮哥，也經常想拿起一把槍。

春天在不知不覺中到來，某天，我跑進附近一處從未跑過的山上，赫然發現樹上開滿了白色的花，顯得春意盎然。當我跑到山頂，那裡竟然有座美麗的公園，裡面有長椅、小噴泉，小巧的花園裡不但有水仙花、絨球般的藍色花朵，還有蕨類植物。我摘下耳機，開始在公園裡散步，我聽到了鳥兒的叫聲，還有東西在我臉旁嗡嗡作響，是蜻蜓？還是蜜蜂？我不確定，但此時腦中突然浮現一個畫面，我看到一片維多利亞式的窗簾，上面印著眼前所見各種生物的圖案，蜻蜓、蜂鳥、蕨類植物，我忽然心有所感，我從未質疑過它們的等級高下……

- **鳥：**雖然擁有雜技演員的不凡身手，但顯然不是什麼高級貨色。
- **蜻蜓：**這傢伙更不堪了，連動物都不是（頂多只是根長了翅膀的樹枝）。
- **樹：**在植物當中是最有力的。

- **蘑菇：**樹的畸形小弟。

這種根據直覺所做的分級根本大錯特錯，而且過於武斷，就像那片看起來賞心悅目的窗簾，雖然印著大自然的圖案，卻是出自人為的設計。我不禁想像著這片窗簾在另一座窗戶飄動的樣子。

我非常想越過我們為自然劃出的界線，看到另一幅景象，去到達爾文許諾的那片樂土，去到支序分類學家看到的那片土地，去到沒有各種條條框框限制的那片土地；**在那裡，魚類並不存在，卻有著遠比我們想像更加無邊無際、且更加豐富多彩的大自然**。

愛爾蘭詩人葉慈（W. B. Yeats）曾經說過：「**世上確實有另一個世界，但它就在這個世界裡**。」[1]多年來，我一直把這句話貼在牆上，這就是我想看到的世界。我試著在與科學家的訪談中，在介紹大自然的紀錄片中，甚至在威士忌裡找到它，但始終一無所獲。

我需要的是一根水下呼吸管。

這根緊貼著鼻子的塑膠管，最終讓我看清了一切。

聽我娓娓道來吧。

就在那次跑步的幾個月後，我遇到了一個女孩，那時是七月，我人在酒吧裡，她的臉上散發迷人的光采，她年紀比我小，個頭比我矮，而且是個女孩，很多方面都不符合我的擇「偶」標準。

要是我還對捲髮哥念念不忘，我就會錯過她。

我吻了她，這並不奇怪，我早就知道我喜歡吻女生，但之前我一直以為那是出於好玩，畢竟女生雖然滋味美妙，但要一起過日子恐怕不是件易事。我確信我需要的是男人，他能讓我安心，讓我像隻可愛的依人小鳥般受到保護，不會被可怕的大野狼世界吃掉。

但是，天啊，她的味道真不賴，就像薰衣草和紅寶石，也像你在翹課時撒的漫天大謊。她總能讓我開懷大笑，某個夏夜，當時我倆躺在床上，她突然說：「我尊重你的性向。」她的意思是我應該被歸類為雙性戀，但是我討厭雙性戀這個詞，它聽起來太過簡化，且帶有指責的意味，太莫名其妙了。但她這麼尊重我的多樣性，讓我很開心，她還笑著補了一句：「我可不管這個社會尊不尊重！」我想拍拍她的肩膀，但她躲開了。

而且我跟不上她的速度，某天我們在波多馬克河邊（Potomac River）騎自行車時，她突然開始跟我比快，雖然我幾乎每天都跑八公里，但我居然追不上她，可是我很喜歡這種感覺。她的腦子也轉得比我快，能夠連珠砲似地把看不慣的事情全數落個遍，從新手駕駛到炒雞蛋，甚至是在郵件末尾只簽上一個首字母就算完事的人：「你有那麼忙嗎？還是欠了加班黨天大的人情，非得昭告天下，你忙得連四毫秒的簽名時間都抽不出來？」

她自有一套獨特的說話方式，譬如她會把那種極其不順的日子稱為「保羅・鮑爾斯」（Paul Bowles）*；把她對親娘示愛時的激動心情比喻成是在「開鑿山溝」。她還是個生火高手，只靠一根火柴就能把溼樹葉燃起火焰，不過她還不滿意，說能控制煙的方向才算厲害。

我告訴自己別想太多，一切順其自然，等到十月再說吧。十月來去匆匆，我們

* 譯者注：美國作曲家、翻譯家兼小說家，擅長以一種超然且優雅的風格，來敘述暴力事件及人們心理崩潰的情況。他最著名的長篇小說是《遮蔽的天空》（*The Sheltering Sky*）。

在梅花盛開的某一天，買了機票去百慕達玩，身為政府科學家的她正在休無薪假，我則裝病請假，趁著週末來個三天的逍遙遊。

我們從 Airbnb 訂了島上最便宜的一間小公寓，因為它離所有的旅遊景點都很遠，不過離機場很近，靠近一個叫菸草灣的海灘。飛機著陸時我們已經做好心理準備，預期迎接漂浮著一堆菸蒂的海水、不斷散發汽油味的海浪。當計程車把我們送到機場，我們卸下行李後便立刻向海邊奔去。

眼前的景象美到我完全無法用筆墨形容。

這是一個被高聳的石灰岩圍成的海灣，彷彿是我倆專屬的私人亞特蘭提斯，當我們跑向水邊時，注意到海灘盡頭有間看起來像是廢棄的無人小屋，但是當我們走上前去查看，竟發現裡面有個人在賣飲料及浮潛裝備。

這個有雙綠眼珠的女孩問我要不要租水下呼吸管，我說不要，因為很久以前我曾經試過一次，但我只記得滿嘴的橡膠味，以及鼻子被夾得很緊。

第二天早上，我沿著海岸線慢悠悠地跑了很遠，時不時停下來看看海水，或是爬進廢棄的碉堡裡，當我終於回到菸草灣時，時間已經過了將近兩個小時。我心想我應該回去公寓找她，卻又想立刻跳進水裡，因為我的身體還熱呼呼的，真的很難抗拒這股衝動。

游著游著，我感到有些內疚，我又在放縱自己了，但說時遲那時快，她突然出現在我眼前；我搞不清楚她是從哪裡冒出來的，她像美人魚一樣從水裡探出頭，朝著地平線游去。當她游過來時，我看到戴著潛水面罩的她滿面笑容，笑得傻乎乎的。

「給你，」她說著，把潛水面罩從臉上取下來，「試試看嘛。」

我把面罩套到頭上，把頭伸進水裡。

不知道是不是因為太興奮了。

還是因為海水無比清澈。

我覺得海裡的這些魚，全是我從未見過的。

黃色的鸚鵡魚、黑色的天使魚及海藍色的月光魚，一尾體型碩大的紫紅色魚，讓我像隻小狗一樣追著牠跑。我快樂地大喊，但海水減弱了我的聲音，我只好浮上水面，大聲喊出我的興奮之情。然後我又潛回水下，看到牠們就在那裡，我在書上讀了那麼多關於牠們的事情，但我還不知道牠們的名字。我只知道在牠們的表皮底下，有著跟我極為相似的器官，且相似度超乎我之前的想像，魚腦裡充斥著跟人腦一樣的離子。我只知道牠們不是魚，一群銀色生物向我衝來，像一列可以搭上的火車，從我腳下疾馳而過，我追了過去，牠們分散開來讓我加入，數百條銀色靈魂將我團團圍住。

我浮上水面換氣。她還在那裡，我不知道時間過了多久，五秒還是三天？我們向外游去，越游越遠，遠離了那個被石灰岩圍繞的安全小海灘，這裡的海浪更加洶湧，海水看起來更深沉也更冰涼，這裡的魚則更鮮豔也更狂野。我看著她向水下的岩石潛去，驚得一群日光燈魚從石縫中衝出來，圍著她打轉，穿過她的腋下，差點扯掉她的比基尼。她成了牠們的一部分，我心想，或許我們都是魚吧，但也可能不是，寒冷和目不暇給的色彩，讓我無法思考這麼困難的問題，不過我倒是覺得，潛水面罩真是最棒的發明，懇請上帝保佑它的發明者，能頒個諾貝爾和平獎給他嗎？

但突然間好像哪裡怪怪的，她的泳姿顯得很費力，還用力拽著臀部附近的什麼東西，而且我倆離海灘好遠。要是她知道我把接下來發生的事情寫出來，肯定會殺了我：她脫掉了她的比基尼，然後游到我面前，毫無顧忌地踢著腿，蛙泳給我看……透過清晰的潛水面罩……海裡春光一覽無遺。

我當下就知道，我完了。

我心想，**我一定要跟這個人共度此生**。

其實我從未設想過這樣的人生，追求一個比我矮、比我小七歲，但騎車比我快，而且經常對我翻白眼的女人。**不過這確實是我想要的人生，因為它讓我越過界線，看到了花紋窗簾以外的地方，讓我看到這個世界的本色，它是個充滿無限可能的地方**。能夠認清所有的類別全都只是想像，真是世界上最棒的感覺。

帶來希望的藥方

現在，當我跟心愛的綠眼珠妻子一起躺在床上時，我還是會想拿起一把槍——我還是會有這樣的念頭，說不定永遠都會這樣想——我常盤算著這麼做的好處，它能帶來解脫，把我承受的壓力和我造成的混亂一掃而空，讓我的羞愧一了百了。

然後我想到了魚，想到了魚類不存在的事實，想像著有條銀色的魚從我手中消失的情景，如果魚不存在，那這世上還有多少事情是我們不知道的？在我們為自然劃定的界線背後，還有哪些真相等著我們？還有哪些類別需要拋掉？雲有生命嗎？天曉得。海王星真的會下鑽石雨嗎？會的，科學家直到幾年前才弄清楚此事。[2]我們審視這世界越久，就會發現越多奇怪之處。一個被認定為不合格的人，說不定是個最合格的母親；被棄如敝屣的雜草，說不定是個好用的藥材；你瞧不上眼的人，說不定是你的救星。

當我放棄了魚，我終於得到我一直在尋找的東西：一個咒語，一個訣竅，一帖為我帶來希望的藥方。我獲得了一個承諾，應許我終將苦盡甘來，倒不是因為這是我應得的，也不是因為我付出了努力，而是因為它們就跟毀滅和失去一樣，是天理循環的一部分，就像生是死的反面，成長與腐爛互相輪替。

如果你不想錯過上天恩賜的這些禮物，最好的辦法就是時時刻刻都要牢記，勿對眼前所見事物抱持成見，我就是靠這個方法才得以看清世間的人情冷暖。當你面對排山倒海而來的混亂時，請用好奇和質疑的眼光去審視每件事，暴風雨真的那麼掃興嗎？何不把它看成是個讓你得以獨享街道的機會，就讓雨水洗去你的憂傷，從頭來過吧。這個派對真如你預想的那麼無聊嗎？說不定有個人嘴裡叼著根菸，就站在舞廳的後門等著邂逅你，從今以後你倆將會一起歡笑好多好多年，她還會掃去你的羞愧感，為你帶來歸屬感。

其實我並不是總能用這種態度看待世界，我也有我的成見，它就像能讓我安心的泰迪熊玩偶，我的不滿一直都在，我的恐懼也不曾消失，地球依舊是平的。但後來我讀到一篇新聞報導，說人體內發現了一個叫做「間質」（interstitium）的新器官，[3]它其實一直都在，但不知怎的被我們視而不見幾千年。**世界出現了一道裂縫，我意識到我們應該像達爾文一樣，弄清楚假設背後的真實情況**。那難看的細菌說不定正在製造你呼吸所需的氧氣；那次分手說不定是件大禮，你得先撞個鼻青臉腫，才能找到更速配的伴侶；你的夢想或許應該再審視一番；甚至是你的希望……也可能得打個問號。

我十六歲的時候，絕不可能想到我大姐最終會搬出去，搬到離老家十多公里遠的公寓。我當然也不會想到，她會貼滿一牆的花朵海報，會在床上擺放一排絨毛玩偶，還會把早餐麥片放進冰箱保鮮。我更沒想到她會慢慢跟鄰居成為朋友，會幫一位老太太買菜，幫一對年輕夫妻照顧他們剛出生的嬰兒。我從沒想到她會遭遇一場可怕的車禍，雖然沒有傷到人，卻撞壞了兩輛車，讓她當場下定決心不再開車。

沒想到，從那之後她開始用腳探索世界，只帶著一個水藍色的腰包，便勇闖波士頓的大街小巷，甚至敢跟陌生人聊天。我沒想到，一位幫身障成人授課的老師會找上我大姐，邀請她一起開設步行課。現在的她竟然是靠走路為生，靠走路過活。

我住在波士頓的朋友告訴我，他們經常會看到她，帶著明亮的腰包、滿面笑容地在路上走著，而他們也被她的笑容感染，跟著笑了起來。

我更是萬萬沒有想到，她跟我爸會以特別的方式變得親近，因為他們都愛吃麵包棒，所以他倆會一起去最愛的義大利麵包店。而且我常在不經意間，看到我姐把頭靠在老爸肩上，雖然只有短短一瞬間，但就在那一剎那，所有行星的重量都會煙消雲散。我更加不會想到，一向活力充沛的祖母，竟然會突發重病過世，而我那很會關心人的大姐，或許出於心電感應，照例在第一時間寄了一張哀悼卡片安慰我爸。更玄的是，這張卡片竟提早一天寄到，就在我祖母剛剛過世的幾分鐘後，我爸想起昨天就收到我姐寄來的慰問卡，不禁笑了出來，讓他在那個最難受的日子裡，得到了第一縷溫暖。

我從不曾想過，能跟綠眼珠女孩一起找到一座讓我們安身立命的庇護所，也想像不到我們的門廊會有螢火蟲圍繞，杜鵑花叢裡偶爾會冒出鳥窩。我家的草坪雖然草長得不怎樣，卻有個火坑，鄰居有時會在那裡燒他們家的聖誕樹，分享他們自釀的櫻桃酒。哦，對了，這裡還有個小男嬰，朝著過度茂盛的毛茛叢爬了過去，他的小爪子接二連三地推倒毛茛，這小傢伙真是世界上最棒最有趣的玩具。

更自由、更美好的世界

科學家發現，正向錯覺確實能幫助你實現目標，但我逐漸開始相信，除了實現目標，還有更美好的事物在等著你。

當我放棄了魚類，我得到了一把萬能鑰匙，而這把魚形的萬能鑰匙，讓我得以跳出這個世界的規則之網，並走進另一個更自由的地方，它就是藏在這個世界裡的另一個世界，是窗外那個沒有束縛的地方。在這裡，魚不存在，天空下著鑽石雨，每朵蒲公英都充滿無限的可能性。

想要轉動鑰匙，你必須……謹慎用詞，如果魚不存在，我們還搞錯了哪些事情？身為科學家之女的我，正在慢慢看清現實，在我放棄魚後，我明白了科學本身是有瑕疵的。它並非如我所想，是一座指引人們邁向真理的燈塔，而是會在你追求真理的路上，造成巨大破壞的一種鈍器。說到「秩序」（order）一詞，源自於拉丁文的 **ordinem**，形容紗線整齊地掛在織布機上，後來被引申為人們聽從國王、總統或將軍的統治。直到西元十八世紀才應用於自然界，當時人們假設自然界中有一套秩序井然的等級制度，但這純粹是人類恣意編造、添加的一種猜測。

我開始相信，我們應終生努力摧毀這種秩序，不斷地拉扯它，試著解開它，把困在下面的生物解救出來。我們還應窮盡畢生之力質疑我們的衡量標準，尤其是道德和精神層面的衡量標準。切記，每個統治者背後都另有一個統治者，一個類別頂多是個代稱，但在最壞的情況下，它有可能成為一副枷鎖。

在我剛寫下這段內容之後不久，白人至上主義者來到我居住的維吉尼亞州夏綠蒂鎮，他們把車子停在我家門前，車輪輾過我家車道上的碎石。他們拿著納粹標誌的盾牌、梳著時髦的髮型，衝進公園守護一座邦聯領袖的雕像。這幫人甚至開車衝撞抗議人群，造成一死數十傷，還把一名黑人揍得頭破血流。[4] 事件結束後，他們的領袖在電台上講話，說他對造成的傷亡表示歉意，但拒絕對其所作所為認錯，因為他們認定某些種族就是比較高貴，白人就是優於黑人，他還滿不在乎地表示：「這是科學問題。」[5]

自然之梯依然存在，而且這架梯子是個非常危險的幻象。

魚是不存在的，一把魚形大錘把它砸個粉碎。

我老婆在我身旁動了一下，然後拍了拍我的肩膀，嘟囔著：「親愛的，趕緊睡吧。」她知道我又失眠了，所以要我跟她一樣，鑽進我們那床水藍色的被單裡，讓柔軟的棉花裹住身體，安心入睡。我緊緊摟住她溫暖的大腿，心想我何德何能，竟能與如此迷人的佳偶共度此生。

插圖說明

本書中的插圖皆為版畫，是使用一種直接雕刻技術製作而成，此技法起源於十九世紀，藝術家會先在一塊白色的黏土板上，塗上黑色的印度墨水，然後用磨料磨去黑色。本書的插圖主要是用縫衣針進行創作。

本書造成的回響與改變

本書出版六個月後，史丹佛大學和印第安納大學都決定將其校園中以大衛・斯塔爾・喬丹命名的大樓改名，校方是順應學生、教師和校友的要求，他們透過信件、文章、示威和網路留言，表達了希望改名的心聲。

致謝

首先，本書的誕生要歸功於它的知識教母尹開淑，要是你對書中討論的科學話題有一丁點興趣，請立刻飛奔去（別用走的，太慢了）買一本她的大作《為自然命名》，該書鉅細靡遺地探討了直覺與真相可能出現牴觸的情況。我很幸運，在我剛剛掉進支序分類學派的兔子洞時，尹開淑就願意跟我討論相關問題；她是一位最慷慨且最親切的嚮導。

接下來我要感謝好友海瑟．拉德克（Heather Radke），從我開始寫這本書你就一路相伴，還讓坐在寒冷城市中的溫暖沙發上的我相信，這一切會很有趣。這是你能送給一個人最棒的禮物，對一個非常孤獨的人來說更是如此，謝謝你。

謝謝阿賈（Aja）、莉莉（Lili）、薩莉塔（Sarita）、拉瑪（Lama）、洛伊（Loi）、ＫＫ和基達（Kidda）。無論你們是否知道，你們一直是我心中的無聲天使，你們是堅不可摧的源泉，不斷給予我支持、幽默和鼓勵，感謝你們一直在我身邊。

感謝我媽，羅賓·菲爾·米勒（Robin Feuer Miller），她是第一個教我要關注小事的人，她的愛正是那根帶我度過人生最黑暗日子的繫繩。

感謝我的二姐艾莉莎·羅絲·米勒（Alexa Rose Miller），是她教我要對確定性保持警惕；而她本人也在過去二十年間，持續教導那些醫學專業人員如何擁抱不確定性，告訴他們為什麼這樣做能拯救生命。她的工作極具啟發性，對我的思想產生了巨大的影響，各位可以在 ArtsPractica.com 找到更多參考資訊。

感謝我的大姐艾碧蓋兒（Abigail），你教會我如何比任何人都更堅強地活著，感謝你讓我分享你的部分生活，謝謝你這麼愛我，並經常努力逗我開懷大笑。

感謝該死的喬納森·考克斯（Jonathan Cox）的慧眼識書！居然能從書中一些微不足道的細節看見一道光，並不遺餘力地打磨，讓這道光更加閃耀。衷心感謝梅根·霍根（Megan Hogan）確定了本書的最終稿；感謝賽門與舒斯特出版社（Simon & Schuster）的艾蜜莉·西蒙森（Emily Simonson）、珍妮特·伯恩（Janet Byrne）、莎拉·基欽（Sara Kitchen）、克爾斯汀·伯恩特（Kirstin Berndt）、茱莉亞·普羅瑟（Julia Prosser）、艾莉斯·林戈（Elise Ringo）、卡莉·洛曼（Carly

Loman）、艾莉森・福納（Alison Forner）及艾莉森・哈茲維（Allison Har-zvi），感謝你們的創意和辛勤工作。感謝喬納森・卡普（Jonathan Karp）和理查・羅雷爾（Richard Rhorer），感謝你們願意在我身上下注。我想為事實核查員艾蜜莉・克里格（Emily Krieger）和米歇爾・哈里斯（Michelle Harris）獻上一份核查過的感謝，確認無誤，感謝。

感謝世上最棒的經紀人金・奧（Jin Auh），感謝你跟著我一起瘋，並給我最大力的支持。

感謝以下諸位學者和思想家抽空回答我的問題：保羅・倫巴多、戴夫・卡塔尼亞（Dave Catania）、席瑪・雅絲明、比爾・埃施邁耶（Bill Eschmeyer）、希歐克・艾安森（Chioke I'Anson）、梅卡・波蘭柯（Meika Polanco）、里克・溫特伯特姆、亞莉珊德拉・米娜・斯特恩、艾莉森・貝爾（Alison Bell）、丹尼爾・羅伯（Daniel Robb）、川頓・梅里克斯、艾比・普拉特和吉安・普拉特（Abby and Guion Pratt）、史蒂夫・派特森（Steve Patterson）、布利斯・卡諾昌、路德・斯波爾、強納森・巴爾科比；感謝史密森尼學會的克里斯・墨菲（Kris Murphy）和大衛・史密斯（David G. Smith）；感謝佩尼克塞島的可可・威靈頓（Coco

Wellington）、艾琳・卡塞拉・萊德（Eileen Casella Rider）和多麗安・梅班（Dorianne Mebane）；感謝瑪姬・卡特勒（Maggie Cutler）、馬克・波德、史丹茲・沃貝爾（Stanzi Vaubel）、克里斯多福・伊姆舍（Christoph Irmscher）、迪娜・凱勒姆斯（Dina Kellams）；感謝史丹佛大學特殊收藏、胡佛研究所及印第安納大學檔案館的檔案保管員們，感謝你們孜孜不倦的鼎力協助。感謝克里斯多福・沙普夫（Christopher Scharpf）在詞源學和魚類學方面的貢獻，如果你想了解一些魚類名字的有趣詞源，請搜尋The ETYFish Project，到他的網站一遊。感謝史丹佛大學的理查・懷特和他的優秀學生，感謝他們慷慨地分享檔案和他們的觀點。

非常感謝安娜和瑪麗把她們的故事託付給我，感謝她們付出時間，讓我感受她們的善良和謙遜的智慧。

感謝幫我審閱初稿的諸位：珍妮・坎頓（Jenny Canton）、亞歷克西斯・謝特金（Alexis Schaitkin）、尼爾・博塞肯斯坦（Nell Boesechenstein）、凱莉・利比（Kelley Libby）、我的妻子、海瑟、母親和父親，感謝你們花時間閱讀並提出修改意見，你們的恩情我可能永遠無法報答，但我一定會努力。感謝茱莉安・帕克（Julianne Parker）、蘇珊・彼得森（Susan Peterson）和麗莎・馬歇爾・瓦斯奎茲

（Lisa Marshall Vasquez），以及她的 Woodcrest 讀書俱樂部，感謝他們為書末的附錄「可供討論的話題與問題」所做的貢獻。我還要感謝你，捲髮哥，感謝你願意讓我分享我們的故事，雖然你終究沒能成為我的城堡，卻是我最棒的溫室。

我想跟各位推薦兩本書：丹尼爾．羅伯的回憶錄《渡過那片水域》（*Crossing the Water*），書中記載了他在佩尼克塞島的矯正學校任教的事。他的文字就像這座小島一樣，簡樸但動人心魄，時而溫柔、時而凜冽。他對於隱居的價值、辛勤工作，以及一個地方是否能改變一個人的靈魂，所提出的質疑，讓我久久不能忘懷。其次是珍妮佛．邁克爾．赫希特（Jennifer Michael Hecht）的《活著：自殺和反對自殺的哲學史》（*Stay: A History of Suicide and the Philosophies Against It*），這本書提出諸多反對自殺的非宗教論點。這兩本書都是特別美好的讀物，也是我會永遠珍藏的禮物。

我何其有幸，能跟這群全美最厲害的說故事高手一起接受培訓：賈德．阿班拉德、艾利克斯．斯皮格爾（Alix Spiegel）、漢娜．羅辛（Hanna Rosin）、艾倫．霍恩（Ellen Horne）、基達．強森（Kidda Johnson）、安妮．古登考夫（Anne Gudenkauf）、琴傑萊伊．庫馬尼卡（Chenjerai Kumanika）、羅伯特．克魯維奇

（Robert Krulwich）、多明尼克・普雷齊奧西（Dominic Preziosi）、克里斯・蒂爾曼（Chris Tilghman）、克里斯・帕斯特奇克（Chris Pasterczyk）、茱莉亞・巴托（Julia Bator）、派特・沃特斯（Pat Walters）和索倫・惠勒（Soren Wheeler），感謝諸位的時間，它們改變了我的人生軌跡。還要感謝維吉尼亞人文學院、維吉尼亞創意藝術中心、維吉尼亞大學藝術碩士學程，以及Awesome基金，慷慨提供我資金或住宿。還要感謝馬洛尼（Maloney）一家，感謝你們給我這麼多的溫暖和歡笑，你們的愛比諾拉（Nora）最喜歡的沙發還要舒服。

感謝插畫家凱特・薩姆沃斯（Kate Samworth），看著你把我的文字編織成美麗的版畫，是整個寫作過程最大的樂趣。對於讀到這裡且需要一位插畫家的讀者，我鄭重向你推薦凱特，她無所不能：油畫、水彩、木版畫、刮版畫，甚至黏土動畫。她是個擁有無限創意和想像力的奇才，感謝你為本書投入如此驚人的才華。

感謝你，我的老爸克里斯・米勒（Chris Miller），感謝你讓我毫不留情地寫下你最糟糕的一些時刻，感謝你的開明，感謝你愛我至深，我永遠愛你。

感謝威爾科克斯（Wilcox）一家，感謝你們在我忙於本書的時候，陪伴被我冷落的太太和愛犬。謝謝鮑勃（Bob）和伊妮（Iney）的骨頭，感謝傑夫・維爾納（Jeff

Werner）放的煙火。

感謝可愛的裘德（Jude），你才十一個月大，連牙都沒有，竟然會對閃電微笑。

但最最要感謝的是，我的愛妻葛蕾絲（Grace），感謝你以各種方式支持我寫出這本書，感謝你總是一吐為快，從不隱忍你的心聲。和你在一起的每分每秒，都是我人生壯麗恢弘的時刻。

附錄A

可供討論的話題與問題

1. 你是否對大衛·斯塔爾·喬丹的戲劇性轉變感到吃驚？你最初對他懷有好感嗎？如果是這樣，是否會影響你對他的理解？作者為什麼不一開始就揭發他那些令人不安的行為？

2. 大衛·斯塔爾·喬丹的形象在本書的結尾是否有變好？還是你認為他「壞透了」？

3. 你對本書結尾關於正向錯覺的內容有何感想？你的生活中有這種人嗎？你會向他們看齊嗎？

4. 希臘神話宣稱，「希望」是留在潘朵拉盒子裡的最後一樣東西，這使得有一些人猜測，希望本身也是邪惡之物，你認為希望在本書中扮演了什麼樣的角色？在你的生活中呢？希望是否曾把你引入歧途？

5. 你用了哪些策略穿越混沌之力往前走？你覺得作者為什麼要把這個字的首字母大寫（Chaos）？

6. 本書從未出現「自殺」一詞，請討論作者和編輯為什麼會做出這樣的選擇？它對你的閱讀體驗有影響嗎？

7. 這本書的主題之一是，就連科學家和無神論者也喜歡儀式感，你認為作者為什麼要強調這一點？

8. 你是否認為科學本身也是本書中的一個角色？如果是的話，那麼科學如何隨著故事的推進而發展？

9. 書中的插圖對你的閱讀體驗有何影響？

10. 你第一次聽到本書的書名時，你的反應是什麼？現在讀完整本書之後，你認為魚類是否存在？為什麼？

11. 你是否認為，把世上的生物分門別類，一定會產生生物種有高低貴賤之分的想法？這是否就是我們把人分成九等，並把部分人群邊緣化的原因？

12. 優生學家想要精挑細選出具有優質基因的人，培育出理想的優等人種，現在我們大多數人都認為這樣的政策是不道德和沒人性的，而他們這種透過基因淨化來創造優等人種的理論，在科學上還有哪些站不住腳的地方？

13. 得知美國的優生學家給了希特勒靈感，是否令你感到吃驚？如果是的話，你認為學校為什麼對此避而不談？

14. 在思考生命的意義時，作者以蒲公英為喻：「對草藥學家來說，它是一種藥……對畫家來說，它是顏料；對嬉皮來說，它是一頂皇冠；對孩子來說，它是願望。」（見第十二章）作者認為一樣東西的價值會因人而異，你同意嗎？你在自己的生活中看過這樣的例子嗎？

15. 在本書的結尾，作者認為，詞語、分類及想要讓世界變得井然有序的願望，會造成難以置信的傷害，你同意嗎？它們能帶來什麼好處嗎？當你幫某樣東西命名時，它能催生現實中的某種變化，還是毫無影響？

16. 如果你七歲的孩子問你生命的意義是什麼，你會怎麼回答？

附錄B
通往大同世界的藏寶圖

下面這些練習，或許能幫助你看到一個更廣闊的世界：

1. 在森林或公園裡散步，試著找出彩虹上的七種顏色，摘下或拍下代表每種顏色的東西，最後，把你找到的東西排成一道彩虹。這個練習告訴我們，即便是看似乏味至極的世界，也蘊藏著令人驚豔的美好事物。*

2. 花幾分鐘時間幫這朵蒲公英著色，著色的時候，不妨順便想想你瞧不起的那些人或事物的價值。

＊這個練習是我二姐艾莉莎．羅絲．米勒發明的，她畢生致力於教導醫療專業人員，用「不抱成見、不妄下定論」的態度來看待這個世界。她早年曾在美術館擔任教育主管，她就是在這段期間發想出散步找彩虹的點子。事情的起因是，某天有輛校車載來一群孩子打算參觀美術館，卻不巧遇到美術館關門，於是他們決定拿著館方人員準備的扇形色卡，帶著孩子到附近的樹林裡找出彩虹上的所有顏色，而孩子們找到了每一、種、顏、色。

3. 想想大自然中那些無以名之的事物，例如吹過沙丘草（dune grass）的風，或是某種山上野花的氣味。花幾分鐘自由寫作，儘量生動地描述：它的外觀、聲音和氣味，它如何與周圍的世界互動……讓畫面和聯想快速湧現。寫作形式不拘，列表或詩歌皆可，最後回顧你寫下的內容，並試著給它起個名字，命名之後，你跟這份文稿的關係有出現變化嗎？*

4. 寫下人們對你的負面評價，或是你懷疑他們對你抱持的負面評價，甚至是你對自己的負面評價，特別是那些你自認為（或其他人認為）會令你受到局限的缺點，例如：你太害羞，以至於不敢做自己想做的事情，或是太無聊，太情緒化，沒有魅力，不夠機伶、沒有好奇心、不夠敏銳、不夠強壯……把它們鉅細靡遺地全部寫下來。你不擅長做磅蛋糕；你的平衡太差無法衝浪；你不討人喜歡，所以從未真正被愛過。就像這樣，把它們全都寫下來。

＊這個練習改編自獲獎詩人莉亞．娜歐咪．格林（Leah Naomi Green）所發想的一個創意。她在華盛頓與李大學的生態寫作課上，讓學生朗讀羅伯特．哈斯（Robert Hass）的詩〈描述樹木的問題〉（The Problem of Describing Trees）後，展開上述練習。

5. 把這一頁撕下來燒掉。*

* 這個練習的靈感來自於才華洋溢的茱莉亞．卡麥隆（Julia Cameron），她所寫的《創作，是心靈療癒的旅程》（*The Artist's Way*）一書將改變你的人生。

注釋

序曲

1. a full fifth of fish known to man in his day: David Starr Jordan, The Days of a Man: Being Memories of a Naturalist, Teacher and Minor Prophet of Democracy, Volume One, 1851–1899 (Yonkers-on-Hudson, NY: World Book Company, 1922), 288.

第1章

1. "While husking corn": Jordan, The Days of a Man, Volume One, 21.
2. he chose "Starr" as his middle name: Ibid., 21. Jordan says the choice was also partly to honor his "mother's great admiration for the writings of King," ibid.
3. David's specialty—sewing rags into rugs: Ibid., 14.
4. held Rufus in "absolute worship": Ibid., 9.
5. began drawing intricate maps: Ibid., 3, 11–12, 22, 26.
6. "The eagerness I then displayed": Ibid., 22.
7. martyr-y accomplishments like never laughing out loud: Ibid., 3, 4, 7.
8. potatoes to hoe: Ibid., 41–44.
9. Linnaeus's chart was riddled with mistakes: Louis Agassiz, Methods of Study in Natural History (Boston:

J. R. Osgood and Company, 1875), 7; Kathryn Schulz, "Fantastic Beasts and How to Rank Them," The New Yorker, Oct. 30, 2017.

10. boats raced more frequently: Carol Kaesuk Yoon, Naming Nature: The Clash Between Instinct and Science (New York: W. W. Norton & Company, 2009), 34–35.
11. find something "more relevant": Jordan, The Days of a Man, Volume One, 22.
12. "The country round about my home": Ibid., 24.
13. "a little book on flowers": Ibid.
14. "I perhaps strained a point": Ibid.
15. "shiftless and a waster of time": Ibid.
16. "The little ones": Ibid., 25.
17. "girls did not consider [him] too promising": Edward McNall Burns, David Starr Jordan: Prophet of Freedom (Stanford, CA: Stanford University Press, 1953), 2.
18. tussle with a boy: Jordan, The Days of a Man, Volume One, 17.
19. quit by his music teacher: Ibid., 28.
20. "led off with a broken nose": Ibid., 38.
21. set it on fire: Ibid., 40.
22. "clasp [my] hands and jump through them": Ibid., 3.
23. "engaged in the congenial task": Ibid., 9.
24. "I still remember the long period of loneliness": Ibid.
25. explode with color: Ibid., 27.
26. The drawings are not artful: Pencil-and-ink drawings, SC0058, Series II-B, Box 6B, Special Collections and University Archives, Stanford University.
27. "honey on my lips": Jordan, The Days of a Man, Volume One, 512.
28. "deprivation or loss or vulnerability": Werner Muensterberger, Collecting: An Unruly Passion (Princeton, NJ: Princeton University Press, 1994), 3, 254.
29. "people have this feeling of personal inefficiency": "Collecting Can Become Obsession, Addiction," United Press International, March 15, 2011, https://www.upi.com/Health_News/2011/03/16/Collecting-

can-become-obsession-addiction/59301300299887/?ur3=1.
30. "exhilarating" to "ruinous": Muensterberger, Collecting: An Unruly Passion, 6.
31. "at school no attention": Jordan, The Days of a Man, Volume One, 24.
32. trouble finding work: Ibid., 149–54.

第2章

1. with barely any tree cover: David Starr Jordan, "The Flora of Penikese Island," The American Naturalist, Apr. 1874, 193.
2. the "runt" of its island chain: Daniel Robb, Crossing the Water: Eighteen Months on an Island Working with Troubled Boys—a Teacher's Memoir (New York: Simon & Schuster, 2002), 36.
3. a "sad and lonely little rock": Marlene Pardo Pellicer, "The Outcasts of Penikese Island," Miami Ghost Chronicles, Aug. 31, 2018.
4. an "outpost of hell": Elizabeth Mehren, "Disciplinary School for Boys Teaches Some Tough Lessons," Chicago Tribune, Aug. 17, 2001.
5. a leper colony led by a doctor… cure his wards: I. Thomas Buckley, Penikese: Island of Hope (Brewster, MA: Stony Brook Publishing, 1997), 72.
6. "turn a lot of potential murderers into car thieves": Dave Masch, as quoted in Daniel Robb, Crossing the Water: Eighteen Months on an Island Working with Troubled Boys—a Teacher's Memoir (New York: Simon & Schuster, 2002), 34.
7. "Study nature, not books": Jordan, The Days of a Man, Volume One, 118.
8. locking his students in a closet with dead animals: Samuel H. Scudder, "In the Laboratory with Agassiz," Every Saturday, April 4, 1974, 369–70.
9. "all the truths which the objects contained": William James, Louis Agassiz: Words Spoken by Professor William James at the Reception of the American Society of Naturalists by the President and Fellows of Harvard College (Cambridge, MA: Printed for the University, 1897), 9.
10. "science, generally, hates beliefs": Frank Haak Lattin, Penikese: A Reminiscence by One of Its Pupils

(Albion, NY: Frank H. Lattin, 1895), 54.

11. "waste chemicals.": Jordan, The Days of a Man, Volume One, 104–6.
12. "Course of Instruction in Natural History to Be Delivered by the Seaside": Lattin, Penikese: A Reminiscence, 42.
13. on July 8, 1873: Burt G. Wilder, "Agassiz at Penikese," The American Naturalist, March 1898, 190.
14. "botanist in self-defense": Jordan, The Days of a Man, Volume One, 10.
15. a lingering shyness in those years, a wariness of new places: Ibid., 18.
16. "None of us will ever forget his first sight of Agassiz": David Starr Jordan, "Agassiz at Penikese," Popular Science Monthly, Apr. 1892, 723.
17. nor had the shingles: Wilder, "Agassiz at Penikese," 190–91.
18. a flimsy sailcloth: Lattin, Penikese: A Reminiscence, 24.
19. "Viewed simply in itself": Ibid., 21.
20. "'Is this hornblende?'": Jordan, The Days of a Man, Volume One, 109.
21. sheep had been dragged out: Wilder, "Agassiz at Penikese," 191.
22. Spiderwebs and swallow nests still presided: Ibid.
23. Susan Bowen…bioluminescence: "Rest in Peace: Burial of Mrs. Susan B. Jordan," unknown publication, Nov. 17, 1885, David Starr Jordan papers, 000240, Box 38 (Susan Bowen Correspondence), Folder 38-24, Hoover Institution Archives.
24. "What Agassiz said that morning can never be said again": David Starr Jordan, "Agassiz at Penikese," 725.
25. "The Prayer of Agassiz": John G. Whittier and T. W. Parsons, "The Prayer of Agassiz": A Poem and "Agassiz": A Sonnet (Cambridge, MA: Riverside Press, 1874), 3–4.
26. "the thoughts of the Creator": Louis Agassiz, Essay on Classification (Cambridge, MA: Belknap Press of Harvard University, 1962), 9.
27. Aristotle first proposed a holy ladder: Markus Eronen and Daniel Stephen Brooks, "Levels of Organization in Biology," Stanford Encyclopedia of Philosophy, Feb. 5, 2018. https://plato.stanford.edu/

entries/levels-org-biology/.

28. "looking heavenward": Agassiz, Methods of Study in Natural History, 71.
29. the parrot, the ostrich, and the songbird: Louis Agassiz, The Structure of Animal Life: Six Lectures Delivered at the Brooklyn Academy of Music in January and February (New York: Scribner, 1886), 35.
30. "the complication or simplicity": Agassiz, Essay on Classification, 159.
31. "bestow greater care upon their off spring": Agassiz, Methods of Study in Natural History, 70.
32. "true relations": Ibid., 7.
33. "We cannot understand the possible degradation": Ibid., 71.
34. a concept he called "degeneration": Louis Agassiz, "Evolution and Permanence of Type," Atlantic Monthly, Jan. 1874.
35. what he called the divine plan: Agassiz, Essay on Classification, 10; Agassiz, Structure of Animal Life, 111.
36. "The swallows flew": Jordan, "Agassiz at Penikese," 725.
37. "A laboratory is a sanctuary where nothing profane should enter": Jordan, The Days of a Man, Volume One, 118.
38. "solemn hush": Whittier, "The Prayer of Agassiz," 4.
39. "missionary work of the highest order": Jordan, The Days of a Man, Volume One, 111.
40. The rustling of women's bodies: Ibid., 111–12.
41. "Agassiz was distinctly stern": Ibid., 112.
42. "Here I made my first acquaintance with fishes": Ibid., 119.

第3章

1. "speck on a speck on a speck": Neil deGrasse Tyson, "Space," Radiolab, Oct. 21, 2007.
2. Camus estimates it's on the mind of a majority of us: Albert Camus, The Myth of Sisyphus and Other Essays (New York: Vintage International, 1955), 7.
3. "grand temptation": William Cowper, as cited in Dale Peterson, ed., A Mad People's History of Madness

(Pittsburgh: University of Pittsburgh Press, 1982), 65.
4. a small prep school in Appleton: Jordan, The Days of a Man, Volume One, 120.
5. "one primordial form": Charles Darwin, On the Origin of Species by Means of Natural Selection, or the Preservation of Favoured Races in the Struggle for Life (Mineola, NY: Dover Publications, 2006), 303.
6. "species when intercrossed": Ibid., 301.
7. "convenience": Ibid., 304.
8. "Natura non facit saltum": Ibid., 288.
9. evolved from apes "repulsive": Agassiz, Methods of Study in Natural History, iv.
10. "I went over to the evolutionists": Jordan, The Days of a Man, Volume One, 114.

第 4 章

1. "literature of Ichthyology": Jordan, The Days of a Man, Volume One, 140–41.
2. he set himself the goal: Ibid., 141.
3. a flophouse in Indianapolis: Ibid., 140.
4. "had appeared as a new species twenty-eight times": Ibid., 144.
5. In 1880, he was sent (as part of the US Census): Ibid., 202.
6. "bright boy": "David Starr Jordan Lauds Work of Late C. H. Gilbert," Indianapolis Star, July 15, 1928.
7. "oily" "treasures"…"which had risen from the deeps in a storm": Jordan, The Days of a Man, Volume One, 205–9.
8. "the Spanish flag": Ibid., 208.
9. "the most delicious of all fishes": Ibid., 228.
10. "second-rate shade tree": Ibid., 129.
11. "pirate" with "bad habits": Ibid., 212.
12. make a species degenerate, devolve, or "change for the worse": David Starr Jordan, Edwin Grant Conklin, Frank Mace McFarland, and James Perrin Smith, Foot-Notes to Evolution: A Series of Popular Addresses on the Evolution of Life (New York: D. Appleton, 1898), 277.

13. sea squirt…“degraded”…“idleness,” “inactivity and dependence”: Ibid., 278.
14. Chinese fishermen: Ibid., 204, 210, 215, 221.
15. Portuguese fishermen: Ibid., 211–12.
16. eighty new species of fish: Ibid., 226.
17. the board of trustees asked him: Ibid., 288–89.
18. the youngest university president in the entire country: Ibid., 297.
19. “flames of an hour had near undone his life work”: “Collected from the Ashes!,” Bloomington Telephone, July 21, 1883.
20. “To publish at once”: Jordan, The Days of a Man, Volume One, 279.
21. “rural town doctors were unable to cure”: Edith Jordan Gardner, “The Days of Edith Jordan Gardner” (unpublished, 1961), SC0058 Series VIII-B, Box 1, Folder 3, Special Collections and University Archives, Stanford University.
22. “water shone as bright as stars”: “Rest in Peace: Burial of Mrs. Susan B. Jordan,” David Starr Jordan papers, Hoover Institution Archives.
23. Susan had bemoaned David’s traveling: Multiple correspondences, 1884, David Starr Jordan papers, 000240, Box 38, Hoover Institution Archives (David Starr Jordan to Susan Bowen Jordan, Oct. 24, 1884; Susan Bowen Jordan to her father, Jan. 22, 1884).
24. “black as the obsidian stone”: Jordan, The Days of a Man, Volume One, 530–33.
25. “I knew then that I would never call her mother”: Gardner, “The Days of Edith Jordan Gardner.”
26. “I may only hint”: Jordan, The Days of a Man, Volume One, 326.
27. “shield of optimism”: Ibid., 46.
28. six foot two: Theresa Johnston, “Meet President Jordan,” Stanford Magazine, Jan. 2010.
29. “humming a tune adown the arcade”: Orrin Leslie Elliott, “David Starr Jordan: An Appreciation,” Stanford Illustrated Review, Oct. 1931.
30. “I never worry over a mischance, once it is past”: Jordan, The Days of a Man, Volume One, 46.
31. the ocean was piped: Daniel G. Kohrs, “Hopkins Seaside Laboratory of Natural History,” Seaside:

History of Marine Science in Southern Monterey Bay, 2013, 40, https://web.stanford.edu/group/seaside/pdf/hsl4.pdf.

32. "brilliant" taxonomist: unnamed reporter, "David Starr Jordan Lauds Work of Late C. H. Gilbert," 1928.
33. "unfit"…"childlike"…"sensuous"…"playful": Louis Agassiz to S. G. Howe, Aug. 10, 1863, as cited in Steven Jay Gould, The Mismeasure of Man (New York: W. W. Norton & Company, 1996), 80.
34. "taught us to think for ourselves": Jordan, The Days of a Man, Volume One, 113–14.
35. Escondite, Spanish for "hiding place": Ibid., 377.
36. personal Garden of Eden: Ibid., 512–13.
37. "a crowded, incongruous, but delightful jungle": Ibid., 512.
38. "black-eyed Puritan": Ibid., 531.
39. classified it as a waxwing: Ibid., 23–24.
40. "the sweetest, wisest, comeliest, and most lovable": Ibid., 380.
41. Unhindered by financial constraints: Ibid., 289–95.
42. "flying fox": David Starr Jordan, The Days of a Man: Being Memories of a Naturalist, Teacher and Minor Prophet of Democracy, Volume Two, 1900–1921 (Yonkers-on-Hudson, NY: World Book Company, 1922), 105.
43. Charley Gilbert getting struck by a falling boulder: Jordan, Days of a Man: Volume One, 263–67.
44. "fright": Ibid., 263.
45. Jane was not such a fan: Jane Lathrop Stanford to Horace Davis, Jan. 28, 1905, Special Collections and University Archives, Stanford University, SC0033B, Series I, Box 2, Folder 10, 1–8, https://purl.stanford.edu/sn623dy4566; J. Stanford to David Starr Jordan, Aug. 9, 1904, Ibid.
46. scientific study of spiritualism: Robert W. P. Cutler, MD, The Mysterious Death of Jane Stanford (Stanford, CA: Stanford University Press, 2003), 32.
47. David found the notion absurd: David Starr Jordan to Jane Stanford, Sep. 5, 1904. Special Collections and University Archives, Stanford University, SC0033B, Series I, Box 6, Folder 35, 22–23, https://purl.stanford.edu/hm923kc8513; See also, Sciosophy writings.
48. figure out how the "frauds" worked: Jordan, The Days of a Man, Volume One, 219–20.

49. "sleight-of-hand performances": Ibid., 220.
50. began publishing: David Starr Jordan, "The Sympsychograph: A Study in Impressionist Physics," Popular Science Monthly, Sept. 18, 1896; David Starr Jordan, "The Principles of Sciosophy," Science, May 18, 1900.
51. "Instruments of precision, logic, mathematics": David Starr Jordan, "Science and Sciosophy," Science, June 27, 1924, 565.
52. "trying to believe": Ibid., 569.
53. a "vast amount of suffering in our society": David Starr Jordan, "The Moral of the Sympsychograph," Popular Science Monthly, Oct. 1896, 265.
54. accused him of nepotism: Jane Stanford to Horace Davis, July 14, 1904 (Stanford University Archives), as cited in Cutler, The Mysterious Death of Jane Stanford, 107.
55. "pets": Cutler, The Mysterious Death of Jane Stanford, 32.

第5章

1. certain things don't exist until they get a name: Author interview, Steve Patterson, Jan. 13, 2017; Author interview, Chioke I'Anson, Dec. 12, 2017; Author interview, Trenton Merricks, Oct. 27, 2017.
2. Trenton Merricks: Author interview, Oct. 27, 2017.
3. Agonomalus jordani: Smithsonian's National Museum of Natural History's Fish Collection Database, (specimen 51444), https://collections.nmnh.si.edu/search/fishes/; World Register of Marine Species (AphiaID #367712), http://www.marinespecies.org/aphia.php?p=taxdetails&id=367712; California Academy of Science's Catalog of Fishes (CAS-SU 7940), http://researcharchive.calacademy.org/research/Ichthyology/collection/index.asp; B. A. Sheiko and C. W. Mecklenburg, "Family Agonidae Swainson 1839," Annotated Checklists of Fishes, No. 30, February 2004, California Academy of Sciences, 1–3, 20–22, 26; After the publication of the first edition of this book, Christopher Scharpf of etyfish.org contributed scholarship which suggests Russian ichthyologist Peter Schmidt suggested naming the fish after Jordan.

4. Herbert toppled overboard and froze to death: Jordan, The Days of a Man, Volume One, 145.
5. Charles McKay, went missing: Ibid., 121.
6. Charles H. Bollman, who contracted malaria: Ibid., 238.
7. hammering them out of coral: Ibid., 113–14.
8. "myriads of little fishes": David Starr Jordan, A Guide to the Study of Fishes (New York: Henry Holt and Company, 1905), 430.
9. "Walking once with her in the garden": Jordan, The Days of a Man, Volume Two, 84.
10. he was too late: Charles Reynolds Brown, They Were Giants (New York: Macmillan, 1934), 202.
11. "the most cruel personal calamity": Jordan, The Days of a Man, Volume Two, 83.
12. she appointed a spy: Bliss Carnochan, "The Case of Julius Goebel: Stanford, 1905," The American Scholar, Jan. 2003, 97; Cutler, The Mysterious Death of Jane Stanford, 73.
13. bearded, bald-headed professor: Luther William Spoehr, "Freedom to Do Right: David Starr Jordan and the Goebel and Rolfe Cases" (adapted from Luther William Spoehr: "Progress' Pilgrim: David Starr Jordan and the Circle of Reform, 1891–1931," PhD dissertation, Stanford University, 1975), 2.
14. "incarceration in the insane asylum for sexual perversity": Carnochan, "The Case of Julius Goebel: Stanford, 1905," 99.
15. "whitewashing" a sex scandal: Goebel to Stanford, June 6, 1904 (Stanford Archives, Horace Davis Papers SC0028, Box 1, Folder 10), as cited in Carnochan, "The Case of Julius Goebel: Stanford, 1905," 99.
16. "painfully evident to me for a long time": Stanford to Davis, July 14, 1904, Stanford University Archives, as cited in Cutler, The Mysterious Death of Jane Stanford, 107.
17. "rumors abounded that Mrs. Stanford planned to replace Jordan": Spoehr, "Progress' Pilgrim," 138.
18. Jane died unexpectedly: "MRS. STANFORD DIES, POISONED," San Francisco Evening Bulletin, March 1, 1905.
19. David fired the spy from Stanford: Carnochan, "The Case of Julius Goebel: Stanford, 1905," 101.
20. he planned another extended tour of Europe: Jordan, The Days of a Man, Volume Two, 158–64.

第6章

1. “as if nothing had happened!”: Jordan, The Days of a Man, Volume Two, 168.
2. 7.9 on the Richter scale: United States Geological Survey, “M 7.9 April 18, 1906 San Francisco Earthquake,” https://earthquake.usgs.gov/earthquakes/events/1906calif/.
3. In just forty-seven seconds: Abraham Hoffman, California’s Deadliest Earthquakes: A History (Charleston, SC: History Press, 2017), 2.
4. over three thousand people were killed: The National Archives, “San Francisco Earthquake, 1906,” https://www.archives.gov/legislative/features/sf.
5. “as a rat might be shaken by a dog”: Jordan, The Days of a Man, Volume Two, 168.
6. piano being played by the ceiling falling: Ibid., 169.
7. “jumped about in the most violent fashion”: Ibid., 168.
8. “had already resumed their singing”: Ibid., 169.
9. “gone bum”: Ibid.
10. “fall of the beautiful Church tower”: Ibid.
11. fallen buttresses: Molly Vorwerck, “All Shook Up: Stanford’s Earthquake History,” Stanford Daily, Oct. 11, 2013.
12. “Full of apprehension”: Jordan, The Days of a Man, Volume Two, 169.
13. headfirst into the concrete: Photo credit: US Geological Survey, Denver Library Photographic Collection/ Walter Curran Mendenhall Collection, 1906.
14. “the services of a carpenter”: Jordan to Lathrop, May 24, 1906, Special Collections and University Archives, Stanford University, SC0058, Series II-A, Box 1B-29, Folder 107.
15. “alcohol [to preserve the fish specimens]”: Jordan to Greene, May 16, 1906, Special Collections and University Archives, Stanford University, SC0058, Series II-A, Box 1B-29, Folder 107.
16. “steel wall and floor brace[s]”: Ettler to Jordan, May 21, 1906, Special Collections and University Archives, Stanford University, SC0058, Series II-A, Box 1B-29, Folder 107.
17. The alcohol failed to arrive: Jordan to Greene, May 16, 1906, Special Collections and University

Archives, Stanford University.
18. "The wreckage lay on the floor": J. Böhlke, A Catalogue of the Type Specimens of Recent Fishes in the Natural History Museum of Stanford University (Stanford Ichthyological Bulletin, Volume 5), ed. Margaret H. Storey and George S. Myers (Stanford, CA: Stanford University, 1953), 3.
19. He allowed the students to sleep outside on the lawn: Jordan, The Days of a Man, Volume Two, 175.
20. A thousand times. A thousand fishes gone: Böhlke, A Catalogue of the Type Specimens of Recent Fishes, 3.
21. this was one of the holotypes: California Academy of Sciences Ichthyology Collection Database, CatNum: CAS-SU 6509, http://researcharchive.calacademy.org/research/Ichthyology/collection/index.asp?xAction=getrec&close=true&LotID=106509.
22. through the flesh at the goby's throat: Ibid., Primary Type Image Base, http://researcharchive.calacademy.org/research/ichthyology/Types/index.asp?xAction=Search&RecStyle=Full&TypeID=573.

第7章

1. "The Eagle and the Blue-Tailed Skink": David Starr Jordan, The Book of Knight and Barbara, Being a Series of Stories Told to Children: Corrected and Illustrated by the Children(New York: D. Appleton and Company, 1899), 138–40.
2. In another story, a girl named Barbara is attacked by a coyote: Ibid., 4–5.
3. "trying to believe what we know is not true": Jordan, "Science and Sciosophy," 569.
4. Suffering, sickness, ignorance, and war: Jordan, "The Moral of the Sympsychograph," 265.
5. Giordano Bruno…burned at the stake: Alberto A. Martínez, "Was Giordano Bruno Burned at the Stake for Believing in Exoplanets?" Scientific American, March 19, 2018, https://blogs.scientificamerican.com/observations/was-giordano-bruno-burned-at-the-stake-for-believing-in-exoplanets/.
6. "Ignorance is the most delightful science in the world": Jordan, "Science and Sciosophy," 563.
7. "Nature no respecter of persons": David Starr Jordan, Evolution: Syllabus of Lectures (Alameda, CA, 1892), 6–7, SC0058 Series II-B Half Box 7, Special Collections and University Archives, Stanford

University.
8. “forc[e] the nervous system to lie”: Jordan, The Days of a Man, Volume One, 48.
9. “The fires we kindle die away in coals”: David Starr Jordan, The Philosophy of Despair(San Francisco: Stanley Taylor Company, 1902), 17.
10. “soul-ache”: Jordan, Ibid., 14.
11. “flow of good health”: Ibid., 30.
12. “Happiness comes from doing”: Jordan, Evolution: Syllabus of Lectures, 14.
13. “luscious” taste of a peach: Jordan, The Days of a Man, Volume One, 16.
14. “lavish” colors of tropical fish: Jordan, The Days of a Man, Volume Two, 115.
15. “the stern joy which warriors feel”: Jordan, Evolution: Syllabus of Lectures, 14.
16. “There is no hope for you”: Jordan, The Philosophy of Despair, 33–34.
17. “‘sad kings’”…“sulphurous”: Ibid., 19.
18. “fad of the drooping spirit”: Ibid., 14.
19. “die while the body is still alive”: Ibid., 32.
20. “Do these views of life lead to Pessimism?”: Jordan, Evolution: Syllabus of Lectures, 14.
21. “Never since man began to plan”: Jordan, The Days of a Man, Volume Two, 177–78.

第8章

1. Self-delusion was seen as a mental defect: Shelley E. Taylor and Jonathon D. Brown, “Illusion and Well-Being: A Social Psychological Perspective on Mental Health,” Psychological Bulletin 103, no. 2 (1988): 193.
2. “hallmark of mental health”: Ibid.
3. mentally healthy people rated themselves as more attractive: Ibid., 195–97.
4. They struggled in their lives: Ibid., 199; Michael Dufner, “Self-Enhancement and Psychological Adjustment: A Meta-Analytic Review,” Personality and Social Psychology Review 23, no. 2 (2019): 48–72.

5. good for the bones: Ibid.
6. a sense of peace: Tim Wilson, Redirect: Changing the Stories We Live By (New York: Little, Brown and Company, 2011); Gregory M. Walton and Geoffrey L. Cohen, "A Brief Social-Belonging Intervention Improves Academic and Health Outcomes of Minority Students," Science, March 18, 2011, 1447–51; Kirsten Weir, "Revising Your Story," Monitor on Psychology/American Psychological Association 43, no. 3 (March 2012): 28.
7. "What's the harm?": Author interview, as broadcast on National Public Radio, "Editing Your Life's Stories Can Create Happier Endings," Jan. 1, 2014, https://www.npr.org/templates/transcript/transcript.php?storyId=258674011.
8. Mary Poppins bag: Lauren Alloy and C. M. Clements, "Illusion of Control: Invulnerability to Negative Affect and Depressive Symptoms after Laboratory and Natural Stressors," Journal of Abnormal Psychology 101, no. 2 (May 1992): 234–45; Sandra Murray and John Holmes, "The Self-Fulfilling Nature of Positive Illusions in Romantic Relationships: Love Is Not Blind, but Prescient," Journal of Personality and Social Psychology 71, no. 6 (1996): 1155–80; Taylor and Brown, "Illusion and Well-Being," 193–210.
9. even better physical health: Judith Rodin and Ellen Langer, "Long-term Effects of a Control-Relevant Intervention with the Institutionalized Aged," Journal of Personality and Social Psychology 35, no. 12 (1977): 897.
10. prescribed in psychologists' offices: Brad J. Bushman and Roy F. Baumeister, "Threatened Egotism, Narcissism, Self-Esteem, and Direct and Displaced Aggression: Does Self-Love or Self-Hate Lead to Violence?," Journal of Personality and Social Psychology 75, no. 1 (1998): 219.
11. "considerable evidence suggests positive psychological benefits": National Institute of Mental Health Report, 1995, 182, as cited in Richard W. Robins and Jennifer S. Beer, "Positive Illusions About the Self: Short-Term Benefits and Long-Term Costs," Journal of Personality and Social Psychology 80, no. 2 (2001): 340.
12. wondered why some of her students seemed to struggle: Angela Duckworth, personal website, https://

angeladuckworth.com/media/.

13. "extremely long-term objectives": Angela Duckworth, Christopher Peterson, Michael D. Matthews, and Dennis R. Kelly, "Grit: Perseverance and Passion for Long-Term Goals," Journal of Personality and Social Psychology 92, no. 6 (2007): 1089.
14. Musicians. Athletes. Chefs: Angela Duckworth, Grit: The Power of Passion and Perseverance (New York: Scribner, 2016), 57, 74–78.
15. what cognitive glitch helps you achieve grit? Positive illusions: Erin Marie O'Mara and Lowell Gaertner, "Does Self-Enhancement Facilitate Task Performance?" Journal of Experimental Psychology: General 146, no. 3 (2017): 442–55; Richard B. Felson, "The Effect of Self-Appraisals of Ability on Academic Performance," Journal of Personality and Social Psychology 47, no. 5 (1984): 944–52.
16. less likely to experience discouragement after setbacks: Alloy and Clements, "Illusion of Control"; Taylor and Brown, "Illusion and Well-Being"; S. Thompson, "Illusions of Control: How We Overestimate Our Personal Influence," Current Directions in Psychological Science 8 (1999): 187–90; Numerous studies cited in Dufner, "Self-Enhancement and Psychological Adjustment," 51.
17. "maintaining effort": Duckworth et al., "Grit: Perseverance and Passion for Long-Term Goals," 1087–88.
18. "I became accustomed to work persistently": Jordan, The Days of a Man, Volume One, 46.
19. the Botany Prize...the Entomology Prize...the French History Prize: Ibid., 75–76.
20. he had a knack for slyly editing out or omitting information: Author interview, June 18, 2019.
21. "sexual perversity!": Carnochan, "The Case of Julius Goebel: Stanford, 1905," 99.
22. "trunk...full of applications for positions in the faculty": David Starr Jordan, as quoted in Bailey Millard, "Jordan of Stanford," Los Angeles Times Sunday Magazine, Jan. 21, 1934, 6.
23. "Every age gets the lunatics it deserves": Roy Porter, "Reason, Madness, and the French Revolution," Studies in Eighteenth-Century Culture 20 (1991): 73.
24. Delroy Paulhus found: Delroy Paulhus, "Interpersonal and Intrapsychic Adaptiveness of Trait Self-Enhancement: A Mixed Blessing," Journal of Personality and Social Psychology 74, no. 5 (1998): 1197–1208.

25. overconfidence has serious costs in the workplace: Tomas Chamorro- Premuzic, Confidence: The Surprising Truth About How Much You Really Need and How to Get It (London: Profile Books Ltd, 2013).
26. One of the most widely cited studies: James Coyne, "Re-examining Ellen Langer's Classic Study of Giving Plants to Nursing Home Residents," Coyne of the Realm, Nov. 5, 2014, http://www.coyneoftherealm.com/2014/11/05/re-examining-ellen-langers-classic-study-giving-plants-nursing-home-residents/; Judith Rodin and Ellen Langer, "Erratum to Rodin and Langer," Journal of Personality and Social Psychology 36, no. 5 (1978): 462.
27. well-regarded in a community: Dufner, "Self-Enhancement and Psychological Adjustment," 63, 66.
28. depressive counterparts: Wilberta L. Donovan, "Maternal Self-Efficacy: Illusory Control and Its Effect on Susceptibility to Learned Helplessness," Child Development 61, no. 5 (Oct. 1990): 1638–47.
29. "short-term benefits but long-term costs": Richard W. Robins and Jennifer S. Beer, " Short-Term Benefits and Long-Term Costs," Journal of Personality and Social Psychology 80, no. 2 (2001): 341.
30. "low self-esteem underlies aggression": Bushman and Baumeister, "threatened Egotism," 219.
31. insulted them, and waited to see who would lash out: Ibid., 222.
32. people with a grandiose view of themselves who strike out: Ibid., 219, 223.
33. "Aggressors often think very highly of themselves": Ibid., 219.
34. Fidel Castro once proposed building a shield: Abey Obejas and David Greene, "Complicated Feelings: 'The Little Fidel in All of Us,' " Morning Edition, National Public Radio, Nov. 30, 2016, http://www.npr.org/2016/11/30/503825310/complicated-feelings-the-little-fidel-in-all-of-us.
35. Yury Luzhkov wanted to stop snowfall: Joshua Keating, "Moscow to ban snow," Foreign Policy, Oct. 15, 2009, https://foreignpolicy.com/2009/10/15/moscow-to-ban-snow/.
36. concrete or steel: JM Rieger, "For years Trump promised to build a wall from concrete. Now he says it will be built from steel," Washington Post, Jan. 7, 2019, https://www.washingtonpost.com/politics/2019/01/07/years-trump-promised-build-wall-concrete-now-he-says-it-will-be-built-steel/.
37. "physically imposing": United States Government Accountability Office, "Report to Congressional

Requesters," July 2018, 19, https://www.gao.gov/assets/700/693488.pdf.
38. "In plainer terms": Bushman and Baumeister, "Threatened Egotism," 228.
39. "Jordan's most double-edged talents": Spoehr, "Freedom to Do Right," 53.

第9章

1. "whitewashing" a sex scandal: Goebel to Stanford, June 6, 1904 (Stanford Archives, Horace Davis Papers SC0028, Box 1, Folder 10), as cited in Carnochan, "The Case of Julius Goebel: Stanford, 1905," 99.
2. rumors were flying that Jane was about to fire him: Spoehr, "Progress' Pilgrim," 138.
3. "queer" and "bitter": Cutler, The Mysterious Death of Jane Stanford, 20–25.
4. clearing everybody: Ibid., 25.
5. "the most murderous hatred of all": Ibid., 32–33.
6. Jane set sail for Hawaii: Ibid., 9–10, 23, 98.
7. According to weather data: US Department of Agriculture, "Report for February 1905: Hawaiian Section of the Climate and Crop Service of the Weather Bureau," 7, https://babel.hathitrust.org/cgi/pt?id=uc1.$c188080&view=1up&seq=23.
8. gingerbread, hard-boiled eggs, meat-and-cheese sandwiches: Pacific Commercial Advertiser,March 2, 1905, as cited in Cutler, The Mysterious Death of Jane Stanford, 10.
9. For a few hours, they sat in the shade: Cutler, The Mysterious Death of Jane Stanford, 9.
10. had a light dinner of soup: Ibid., 10.
11. "Bertha! May!" Jane called. "I am so sick!": Ibid., 12.
12. He sat with Jane, gently palpating her jaw: Ibid., 12–13.
13. "Oh God, forgive me my sins": Ibid., 14.
14. She was dead, only fifteen minutes after it had all begun: Ibid.
15. stomach pump dangling uselessly from his hand: Ibid.
16. noted a foreign, bitter taste: Ibid., 15.

17. sent Jane's body to the morgue: Ibid.
18. convulsions and lockjaw: Ibid., 17.
19. watching them recoil: Ibid., 17–18.
20. traces of strychnine in both: Ibid., 39–41.
21. the bright red indicative of strychnine: Ibid., 41.
22. hard white octahedral crystals: Ibid., 39–40.
23. seasoned physician: Ibid., 11.
24. far more extreme than rigor mortis: Ibid., 17–18.
25. "a condition that I don't recall having seen": Ibid., 15.
26. "felonious intent by some person or persons to this jury unknown": Ibid., 45.
27. "nothing whatever to do with the investigation": "Quick Stanford Verdict," New York Times, March 11, 1905.
28. The man David selected: Cutler, The Mysterious Death of Jane Stanford, 47.
29. What concerned him was the amount of strychnine: Ibid., 48; "Testimony of Dr. Waterhouse," Stanford University Archives, as cited in Cutler, The Mysterious Death of Jane Stanford, 48, 55.
30. transformed into a grotesque feast of rancid gingerbread: Cutler, The Mysterious Death of Jane Stanford, 46, 62.
31. Jane then sucked down eight sandwiches: Ibid., 62.
32. "morally certain": Jordan to Carl S. Smith, Mar. 24, 1905, Special Collections and University Archives, Stanford University, SC0033B, Series 4, Box 1, Folder 11, 4, https://purl.stanford.edu/dr431vh4868.
33. "wholly convinced"; "a surfeit of unsuitable food": "Not Murder, Says Jordan: Thinks Unfit Food and Exertion Killed Mrs. Stanford," New York Times, March 15, 1905.
34. "eleven hours later?": Author interview, Feb. 8, 2017. All further remarks of Dr. Yasmin's are from this conversation.
35. "scarcely earned": Jordan, The Days of a Man, Volume One, 146.
36. "more sure than ever that she was not poisoned": "Jordan Scouts Poison Idea: University President

Doesn't Think Mrs. Stanford Was Murdered," New York Times, March 15, 1905.

37. explained it away as "medicinal": "Not Murder, Says Jordan: Thinks Unfit Food and Exertion Killed Mrs. Stanford."
38. a most logical explanation: "hysteria": Cutler, The Mysterious Death of Jane Stanford, 50.
39. On his final morning on the island: Ibid., 54.
40. He scribbled down a few words: Ibid., 56.
41. "generous-hearted," "helpful and sympathetic": "Not Murder, Says Jordan: Thinks Unfit Food and Exertion Killed Mrs. Stanford."
42. He then signed the statement: Cutler, The Mysterious Death of Jane Stanford, 55.
43. one of her pallbearers: Ibid., 54.
44. "She did not die of angina pectoris": Pacific Commercial Advertiser, March 17, 1905, as cited in Cutler, The Mysterious Death of Jane Stanford, 56.
45. "a man without professional or personal standing": Jordan to Judge Samuel Franklin Leib, March 22, 1905, Stanford University Archives, as cited in Cutler, The Mysterious Death of Jane Stanford, 37. Leib succeeded Jane Stanford as president of the Stanford University board of trustees.
46. David accused them all of colluding in a conspiracy: Cutler, The Mysterious Death of Jane Stanford, 75–76.
47. "never conclusively determined": "Jane Stanford: The Woman Behind Stanford University," Stanford University website, July 17, 2010, https://web.archive.org /web/20160521025646/http://janestanford.stanford.edu/biography.html.
48. "died under mysterious circumstances": "Meet President Jordan," Stanford Magazine, January 2010, https://stanfordmag.org/contents/meet-president-jordan.
49. Robert was shocked: Lee Romney, "The Alma Mater Mystery," Los Angeles Times, October 10, 2003.
50. He had advanced emphysema: Maggie Cutler, author interview, May 12, 2017.
51. Robert Cutler won't wager a guess: Cutler, The Mysterious Death of Jane Stanford, 104–8.
52. "had the motive": Carnochan, "The Case of Julius Goebel: Stanford, 1905," 108.

53. White's current guess is that Bertha did it: Author interview, Richard White, May 11, 2017.
54. possible to die from eating too much food: Fred(?) Baker to David Starr Jordan, March 4, 1905, Special Collections and University Archives, Stanford University, SC0033B, Series 4, Box 1, Folder 14.
55. his "silence can't be bought": Goebel to Jordan, May 24, 1905, Special Collections and University Archives, Stanford University, SC0058, Series IB, Box 47, Folder 194.
56. "judged in the afterlife": Unknown to Jordan, March 16, 1905, Special Collections and University Archives, Stanford University, SC0033B, Series 4, Box 1, Folder 14; see also Special Collections and University Archives, Stanford University, SC0058, Series IAA, Box 14, Vol. 28 for two letters regarding Dr. Waterhouse being accused of unethical behavior: Jordan to Mountford Wilson, May 10, 1905 (it is mentioned that the other Hawaii doctors are going to write about Dr. Waterhouse's poor conduct in a medical journal); Jordan to Waterhouse, May 4, 1905 (Jordan assures Dr. Waterhouse he acted appropriately).
57. David's continuing to insist that Jane had died of natural causes: Author interview, Richard White, May 11, 2017.
58. A duty to unearth a truth: Author interview, Maggie Cutler, May 12, 2017.
59. "He absolutely believed that Jordan did it": Author interview, Maggie Cutler, April 14, 2017.
60. "The doctor needed a villain": Author interview, April 2017.
61. cross from speculation to "fantasy": Luther Spoehr, "Letters to the Editor," Stanford Magazine, March/Apr. 2004, https://stanfordmag.org/contents/letters-to-the-editor-8521.
62. devil's horns: Drawings, Special Collections and University Archives, Stanford University, SC0058, Series IV-C, Box 6B, Folder 25.
63. a small rectangular notecard: Lathrop to Jordan, March 1905, Special Collections and University Archives, Stanford University, SC0058, Series IA, Box 46, Folder 451.
64. the killer is still on the loose: Newspaper clipping (paper unknown), "Dr. Jordan's Statement Is Riddled by the Experts," Special Collections and University Archives, Stanford University, SC0058, Series IA, Box 46, Folder 451.

65. Jessie calling David the "miracle" of her life: Jessie Knight handwritten remembrance, Special Collections and University Archives, Stanford University, SC0058, Series I-F, Box 6, Folder 48.
66. medallions he won for advocating peace: Box of medals, Special Collections and University Archives, Stanford University, SC0058, Series XI, Box 7.
67. "the killing business": David Starr Jordan, "Where Uncle Sam's Solar Plexus Is Located," unknown newspaper, Apr. 1915, David Starr Jordan papers, Box 53, Folder 28, Hoover Institution Archives.
68. caterpillars, spiders, leaves: Journals, Special Collections and University Archives, Stanford University, SC0058, Series IIA, Box 1.
69. "the old 'swimming hole' or the deep eddy at the root of the old stump": David Starr Jordan, A Guide to the Study of Fishes (New York: Henry Holt and Company, 1905), 3.
70. "the bitterest thing in the world": Judge George E. Crothers to Cora (Mrs. Fremont) Older, Jan. 10, 1905, Stanford University Archives, as cited in Cutler, The Mysterious Death of Jane Stanford, 104.
71. Strychnine: Jordan, A Guide to the Study of Fishes, 430.

第10章

1. The erosion of David Starr Jordan's: Luther Spoehr, "Freedom to Do Right," 17–24, 28–31, 36.
2. in 1913...chancellor: "Meet President Jordan," Stanford Magazine.
3. His travels as a fish collector: Jordan, The Days of a Man, Volume Two, 314–15.
4. "a veritable chamber of horrors": David Starr Jordan, The Human Harvest: A Study of the Decay of Races Through the Survival of the Unfit (Boston: American Unitarian Association, 1907), 64–65.
5. immobile creatures: Jordan, Foot-Notes to Evolution, 277–78.
6. "animal pauperism": Ibid., 279.
7. "new species of man": Jordan, The Days of a Man, Volume Two, 314.
8. "the survival of the unfittest": Jordan, The Human Harvest, 54, 62.
9. extermination: Ibid., 65.
10. "crétins": Ibid., 63–65.

11. "decay": Ibid., 34, 49, 69; David Starr Jordan, The Blood of the Nation: A Study of the Decay of Races Through the Survival of the Unfit (Boston: American Unitarian Association, 1906).
12. "epoch in my own mental development": Francis Galton, Memories of my Life (London: Methuen, 1909), as cited in Nicholas Gillham, "Cousins: Charles Darwin, Sir Francis Galton, and the Birth of Eugenics," The Royal Statistical Society, Aug. 24, 2009, 133, https://rss.onlinelibrary.wiley.com/doi/full/10.1111/j.1740-9713.2009.00379.x.
13. He trotted out his ideas: Gillham, "Cousins: Charles Darwin, Sir Francis Galton, and the Birth of Eugenics," 134.
14. He even wrote a sci-fi novel: Francis Galton, The Eugenic College of Kantsaywhere, University College London, Galton Collection, 28–29, 45–47; see also Francis Galton and Lyman Tower Sargent, "The Eugenic College of Kantsaywhere," Utopian Studies 12, no. 2 (2001).
15. "sharp severity": Galton, Kantsaywhere, 45–47.
16. "attached so exaggerated an importance": Burns, David Starr Jordan: Prophet of Freedom, 37.
17. decades before most American eugenicists got the fever: Jordan, The Days of a Man, Volume One, 132–33.
18. traits like "pauperism" and "degener[acy]": Jordan, Evolution: Syllabus of Lectures (Alameda, CA, 1892), 9, Special Collections and University Archives, Stanford University, SC0058, Series IIB, Box 7.
19. "exterminated just as swamps are drained": Ibid.
20. "as long as the human harvest is good": Jordan, The Human Harvest, 6; see "Prefatory Note," 5: "This little book contains the substance of two essays on the same subject, the one originally delivered in Stanford University in 1899...the other read at Philadelphia in 1906, at the two hundredth anniversary of the birth of Benjamin Franklin."
21. first pro-eugenics article in 1898: Jordan, Foot-Notes to Evolution.
22. "crétins" and "imbeciles": Jordan, The Human Harvest, 62–65.
23. stops at churches and almshouses: Ibid., 64–65; various news clippings ("David Starr Jordan Speaks Here Tonight," "That Japanese Bugaboo") found in Special Collections and University Archives,

Stanford University, SC0058, Series III, Box 4, Volume 6.
24. "the survival of the unfit": Jordan, The Human Harvest, 62–63.
25. "goitered"..."creatures": Jordan, The Days of a Man, Volume Two, 314–15.
26. He had sketches made: Jordan, Foot-Notes to Evolution, 285–86.
27. Others suggested legalizing polygamy: Harry H. Laughlin, "Eugenics Record Office; Bulletin No. 10A; Report of the Committee to Study and to Report on the Best Practical Means of Cutting Off the Defective Germ-Plasm in the American Population," National Information Resource on Ethics and Human Genetics (Feb. 1914): 46.
28. "each individual cretin should be the last of his generation": Jordan, The Human Harvest, 65.
29. In 1915, a doctor in Chicago: "Surgeon Lets Baby, Born to Idiocy, Die," New York Times, July 15, 1917.
30. "the Black Stork": The Black Stork, written by Jack Lait and Harry Haiselden, dir. Leopold Wharton and Theodore Wharton, Sheriott Pictures Corp., Feb. 1917.
31. rumors of a mental hospital: Edwin Black, "Eugenics and the Nazis—the California Connection," San Francisco Chronicle, Nov. 9, 2003, https://www.sfgate.com/opinion/article/Eugenics-and-the-Nazis-the-California-2549771.php.
32. a handful of doctors: Author interview, Paul A. Lombardo, Aug. 27, 2019.
33. the "quiet way": Paul A. Lombardo, Three Generations, No Imbeciles: Eugenics, the Supreme Court, and Buck v. Bell (Baltimore: Johns Hopkins University Press, 2008), 22, citing "Whipping and Castrations as Punishments for Crime," Yale Law Journal, vol. 8, June 1899, 382.
34. first such law not just in the country but in the world: Lombardo, Three Generations, No Imbeciles, 24; 1907 Indiana Laws, ch. 215; Lutz Kaelbor, "Presentation about 'Eugenic Sterilizations' in Comparative Perspective at the 2012 Social Science History Association," https://www.uvm.edu/~lkaelber/eugenics/IN/IN.html.
35. he was asked to chair: Elof Axel Carlson, The Unfit: A History of a Bad Idea (Cold Spring Harbor, NY: Cold Spring Harbor Laboratory Press, 2001), 193.
36. it crossed party lines: Author interview with Paul Lombardo, Apr. 30, 2019.

37. prestigious universities all across the country: Adam S. Cohen, "Harvard's Eugenics Era," Harvard Magazine, March 2016.
38. the fairest skin, the roundest head, the most symmetrical features: Alexandra Minna Stern, "Making Better Babies: Public Health and Race Betterment in Indiana, 1920–1935," American Journal of Public Health 92, no. 5 (May 2002): 748, 750.
39. American eugenicist named Madison Grant: Madison Grant, The Passing of the Great Race: Or the Racial Basis of European Ancestry (New York: Charles Scribner's Sons, 1916).
40. Hitler would later call his "bible": Stefan Kühl, The Nazi Connection: Eugenics, American Racism, and German National Socialism (Oxford: Oxford University Press, 2002), 85; Timothy Ryback, "A Disquieting Book from Hitler's Library," New York Times, Dec. 7, 2011.
41. "moral perverts, mental defectives and hereditary cripples": Grant, The Passing of the Great Race, 45.
42. rounded up under the guise of charity and sterilized: Ibid., 45–51.
43. "The Germans are beating us at our own game": Edwin Black, "The Horrifying American Roots of Nazi Eugenics," History News Network, Sept. 2003, http://historynewsnetwork.org/article/1796.
44. American Bar Association called eugenic sterilization "barbari[c]": Lombardo, Three Generations, No Imbeciles, 58.
45. "an engine of tyranny and oppression": Portland lawyer C. E. S. Wood, as cited in Lombardo, Three Generations, No Imbeciles, 28.
46. "To permit such an operation": Governor Samuel Pennypacker, as cited in David R. Berman, Governors and the Progressive Movement (Louisville, CO: University Press of Colorado, 2019), 184.
47. "rot": Lombardo, Three Generations, No Imbeciles, 28.
48. Darwin hails the power of "Variation": Darwin, On the Origin of Species, 26, 36, 61, 63, 66, 74, 90, 107, 168, 204, 216, 304.
49. He marvels over how diverse gene pools are healthier: Ibid., 26, 61, 63, 66, 72, 168, 204.
50. gives more "vigor and fertility": Ibid., 168.
51. "How strange are these facts!": Ibid., 63.

52. "Diversify your genetic portfolio": Ibid., 26, 66, 168.
53. Darwin even goes out of his way to warn against meddling: Ibid., 79–80.
54. "abhorrent to our ideas of fitness": Ibid., 296.
55. "Man can act only on external and visible characters": Ibid., 53.
56. the case of the cyanobacteria: Elizabeth Pennisi, "Meet the obscure microbe that influences climate, ocean ecosystems, and perhaps even evolution," Science, March 9, 2017, https://www.sciencemag.org/news/2017/03/meet-obscure-microbe-influences-climate-ocean-ecosystems-and-perhaps-even-evolution.
57. "Which group will prevail": Darwin, On the Origin of Species, 79–80.
58. "dandelion principle": Thorkil Sonne, as quoted in David Bornstein, "For Some with Autism, Jobs to Match Their Talents," New York Times, June 30, 2011.
59. "indispensable": Darwin, Origin of Species, 63.
60. naïve, sentimental: Jordan, The Human Harvest, 62–65; Grant, The Passing of the Great Race, 49.
61. "[E]ducation can never replace heredity": David Starr Jordan, Your Family Tree (New York: D. Appleton and Co, 1929), 10.
62. "An Arab proverb": Ibid., 5.
63. to give over half a million dollars: Harry Laughlin, "Notes of the History of the Eugenics Record Office," Dec. 31, 1939, Private Collection, Eugenics Record Office; Jordan, The Days of a Man, Volume Two, 297–98; Lombardo, Three Generations, No Imbeciles, 31.
64. construct family trees: Kaaren Norrgard, "Human Testing, the Eugenics Movement, and IRBs," Nature Education 1, no. 1 (2008): 170, https://www.nature.com/scitable/topicpage /human-testing-the-eugenics-movement-and-irbs-724.
65. "thalassophilia": Charles Davenport, as cited in Garland E. Allen, "The Eugenics Record Office at Cold Spring Harbor, 1910–1940: An Essay in Institutional History," Osiris 2 (1986): 225–64.
66. inheritance of albinism and neurofibromatosis: Norrgard, "Human Testing, the Eugenics Movement, and IRBs."
67. unequivocally debunked: Ibid.

68. "palpable inhumanity and immorality": Lombardo, Three Generations, No Imbeciles, 27.
69. "man-crazy": Ibid., 61.
70. "I am a humanbeen as well as you": Letter from George Mallory to Albert Priddy, Nov. 5, 1917. Record, Mallory v. Priddy, as cited in Lombardo, Three Generations, No Imbeciles, 70.
71. began searching for a case: Lombardo, Three Generations, No Imbeciles, 91–110; "A. S. Priddy Summons" (2009), Buck v. Bell Documents, Paper 17, http://readingroom.law.gsu.edu/buckvbell/17.
72. Dr. Priddy found: Lombardo, Three Generations, No Imbeciles, 103–12.
73. he had Carrie's baby: Ibid., 111.
74. likely running a coin: Paul Lombardo, "Facing Carrie Buck," Hastings Center Report 33, no. 2 (March 2003): 16, https://doi.org/10.2307/3528148.
75. "showed backwardness": Arthur Estabrook testimony, Buck v. Priddy, Amherst, VA, 1924, as cited in http://www.eugenicsarchive.org/html/eugenics/static/themes/39.html.
76. A lawyer named Irving Whitehead: Ibid., 107–8, 115, 117, 135, 136–48, 155.
77. grown into a paleontologist: "Eric Jordan Hurt In Auto Accident Near Gilroy Today," Stanford Daily, March 10, 1926, https://stanforddailyarchive.com/cgi-bin/stanford?a=d&d=stanford19260310-01.2.17&e=-------en-20--1--txt-txIN-------.
78. his vision was going; he had developed diabetes: Burns, David Starr Jordan, 32–33; Jordan, The Days of a Man, Volume One, 45.
79. "moral delinquency": ERO's Harry Laughlin testimony, Buck v. Priddy, Amherst, VA, 1924, as cited in https://www.facinghistory.org/resource-library/supreme-court-and-sterilization-carrie-buck.
80. "No, sir, I have not": Buck Record, 33–35, as cited in Lombardo, Three Generations, No Imbeciles, 107.
81. "swamped with incompetence": Buck v. Bell, 274 US 200 (1927).
82. a skylight provided extra light for the surgeon: Carolyn Robinson (Training and Policy Director at the Central Virginia Training Center), as reported to Encyclopedia Virginia reporter Miranda Bennett, 2018.
83. sealed each cut with carbolic acid: Paul Lombardo, "In the Letters of an 'Imbecile,' the Sham, and Shame, of Eugenics," UnDark, Oct. 4, 2017, https://undark.org /article/carrie-buck-letters-eugenics/.

84. "They done me wrong": quoted in Adam Cohen, Imbeciles: The Supreme Court, American Eugenics, and the Sterilization of Carrie Buck (New York: Penguin Press, 2016), 298.
85. "public welfare": Buck v. Bell, 274 US 200 (1927).
86. a set of microfilm reels: Sarah Zhang, "A Long-Lost Data Trove Uncovers California's Sterilization Program," Atlantic, Jan. 3, 2017, https://www.theatlantic.com /health/archive/2017/01/california-sterilization-records /511718/.
87. The list was nearly 20,000 people long: Alexandra Minna Stern, "When California Sterilized 20,000 of Its Citizens," Zocalo, Jan. 6, 2016, http://www.zocalopublicsquare.org/2016/01/06/when-california-sterilized-20000-of-its-citizens/chronicles /who-we-were/.
88. "often were young women pronounced promiscuous": Ibid.
89. women of color were disproportionately targeted: Nicole L. Novak, Natalie Lira, Kate E. O'Connor, Siobán D. Harlow, Sharon L. Kardia, and Alexandra Minna Stern, "Disproportionate Sterilization of Latinos Under California's Eugenic Sterilization Program, 1920–1945," American Journal of Public Health 108 (May 2018): 611–13, https://doi.org/10.2105/AJPH.2018.304369.
90. sterilizing over 2,500 Native American women: Carolyn Hoemann, "Genuine Justice: Sterilization Abuse of Native American Women," KRUI, Oct. 17, 2016, http://krui.fm/2016/10/17/genuine-justice-sterilization-abuse-native-american-women/.
91. sterilized hundreds of black women: Lutz Kaelber, "Eugenics/Sexual Sterilizations in North Carolina," University of Vermont website, https://www.uvm.edu/~lkaelber /eugenics /NC/NC.html.
92. approximately a third of all Puerto Rican women: "Puerto Rico," Eugenics Archive, http://eugenicsarchive.ca/discover/connections/530ba18176f0db569b00001b.
93. words like "mentally incompetent" or "mentally deficient": Georgia Code Ann. § 31-20-3 (West), https://law.justia.com/codes/georgia/2010/title-31/chapter-20/31-20-3/; New Jersey, Stat. Ann. § 30:6D-5 (West), https://law.justia.com/codes/new-jersey/2013/title-30/section-30-6d-5/.
94. nearly 150 women were illegally sterilized in California prisons: Corey G. Johnson, "Female Inmates Sterilized in California Prisons Without Approval," Reveal from The Center for Investigative Reporting,

July 7, 2013, https://www.revealnews.org/article/female-inmates-sterilized-in-california-prisons-without-approval/.

95. Tennessee judge named Sam Benningfield: Derek Hawkins, "Tenn. Judge Reprimanded for Offering Reduced Jail Time in Exchange for Sterilization," Washington Post, Nov. 11, 2017.

96. Francis Galton, in bronze: Lombardo, Three Generations, No Imbeciles, 101; "Chapter Two—Exterior Stone Carvings and Bronze Work," National Academy of Sciences website, http://www.nasonline.org/about-nas/visiting-nas/nas-building/exterior-carvings-and-bronze.html.

第11章

1. "hidden and insignificant": Jordan, The Days of a Man, Volume One, 25.
2. "a terrifying capacity": Spoehr, "Progress' Pilgrim," 216.
3. "His ability to crush those in his path": Spoehr, "Freedom to Do Right," 53.
4. "missionary work of the highest order": Jordan, The Days of a Man, Volume One, 111.
5. "I just wish he had considered what Oliver Cromwell once said": Author interview, Luther Spoehr, June 18, 2019.
6. wrote them off as sentimental, unscientific: Jordan, Your Family Tree, 4–5, 9–10.
7. There are crows that have better memories than us: Robert Krulwich, "How a 5-Ounce Bird Stores 10,000 Maps in Its Head," National Geographic, Dec. 3, 2015.
8. chimps with better pattern-recognition skills: Sana Inoue and Tetsuro Matsuzawa, "Working Memory of Numerals in Chimpanzees," Current Biology, Dec. 2007.
9. ants that rescue their wounded: Elise Nowbahari and Karen L. Hollis, "Rescue Behavior: Distinguishing Between Rescue, Cooperation and Other Forms of Altruistic Behavior," Communicative & Integrative Biology 3, no. 2 (2010): 77–9, doi:10.4161/cib.3.2.10018.
10. blood flukes with higher rates of monogamy: Michelle Steinauer, "The Sex Lives of Parasites: Investigating the Mating System and Mechanisms of Sexual Selection of the Human Pathogen Schistosoma Mansoni," International Journal for Parasitology, Aug 2009, 1157–63.

11. Natura non facit saltum: Darwin, On the Origin of Species, 288, 295.
12. a parasite was not an abomination but a marvel: Ibid., 39. Interestingly, shortly after Origin of Species was published, Darwin changed his tune, at least about one parasite. He wrote to Asa Gray saying the horror of the parasitic wasp, Ichneumonidae, made him question his faith: "I cannot persuade myself that a beneficent and omnipotent God would have designedly created the Ichneumonidae." Darwin to Gray, May 22, 1860, Darwin Correspondence Project, http://www.darwinproject.ac.uk/letter/DCP-LETT-2814.xml.
13. endless ways of surviving and thriving in this world: Ibid., 39, 296.

第12章

1. close its doors: Governor Bob McDonnell, as quoted in "CVTC Closing as Part of Department of Justice Agreement," ABC 13 News, Jan. 26, 2012, https://wset.com/archive/cvtc-closing-as-part-of-department-of-justice-agreement.
2. tend cows, hogs, and various crops at a profit: "History," Central Virginia Training Center, http://www.cvtc.dbhds.virginia.gov/feedback.htm.
3. over a thousand graves: "Central Virginia Training Center Cemetery," Central Virginia Training Center, http://www.cvtc.dbhds.virginia.gov/cemeter.htm.
4. The very mind-set we define our national identity in opposition to: Lombardo, Three Generations, No Imbeciles, 239.
5. honor roll at the local elementary school: Lombardo, Three Generations, 190–91.
6. "I think about it every day, though": Author interview, Anna, March 7, 2017.
7. The year was 1967: Department of Mental Hygiene and Hospitals Sterilization Record Summary, 1967, Anna's personal documents.
8. inside its brick walls twelve years earlier: Author interview, Anna, March 7, 2017.
9. people dying on the operating table: Author interview, Anna, June 8, 2018.
10. "I told her don't worry": Ibid.

11. not sure how she would have survived: Ibid.
12. Then, on a muggy August day in 1967: Acute Hospital Discharge Summary, Aug. 9, 1967, Anna's personal documents; Cenon Q. Baltazar, letter to Daisy, Aug. 3, 1967, Anna's personal documents.
13. "They told Anna she couldn't take care of kids": Author interview, June 8, 2018.
14. she felt angry: Ibid.
15. "Because of me!": Ibid.
16. "those are my sweethearts!": Author interview, May 23, 2018.
17. "whole machinery of life": Darwin, On the Origin of Species, 304.
18. The work of good science is to try to peer beyond: Ibid., 79–80, 293–6, 301–2, 304–5.

第13章

1. surrounded by his menagerie of loved ones: "Dr. David Starr Jordan Dies," Healdsburg Tribune, Sept. 19, 1931.
2. "the great humanitarian's garden": Daily Palo Alto Times, Oct. 4, 1934 (as found in Special Collections and University Archives, Stanford University, SC0058, Series I-F, Box 6).
3. "Few men have lived lives more balanced": Burns, David Starr Jordan: Prophet of Freedom, 33.
4. "one of the most versatile": Ibid., 1.
5. a German general who commanded, "Genug!": Elof Axel Carlson, The Unfit: A History of a Bad Idea (Cold Spring Harbor, NY: Cold Spring Harbor Laboratory Press, 2001), 193.
6. "the best it breeds to destruction": Jordan, The Human Harvest, 51.
7. More than four thousand feet above sea level: Mount Jordan, a 4,067-meter peak in Tulare County, California.
8. two high schools: David Starr Jordan High School in Los Angeles, CA; David Jordan High School in Long Beach, CA.
9. a government ship: NOAAS David Starr Jordan (R 444) in commission from 1966 to 2010, www.noaa.

gov.

10. a city boulevard: Jordan Avenue in Bloomington, Indiana.
11. one in Alaska: Jordan Lake, near the Naha River. Jordan, The Days of a Man, Volume Two, 138.
12. one in Utah: Mount Jordan in Duchesne County, Utah.
13. a prestigious scientific award: "The David Starr Jordan Prize for Innovative Contributions to the Study of Evolution, Ecology, Population, or Organismal Biology," Cornell University, http://www.indiana.edu/~dsjprize/index.html.
14. of the 12,000–13,000 species: Jordan, The Days of a Man, Volume One, 288.
15. Recent scholarship by Jessica George: Jessica George, "The Immigrants Who Supplied the Smithsonian's Fish Collection," Edge Effects, Nov. 7, 2017, https://edgeeffects.net/fish-collection/.
16. a "small boy": Jordan, Guide to the Study of Fishes, 430.
17. "half-breed": Jordan, The Days of a Man, Volume One, 533.
18. "Portuguese lad": Ibid., 211.
19. "Of the hundred or more new species": Jordan, Guide to the Study of Fishes, 430.
20. "few to none": George S. Meyers, foreword to David Starr Jordan's The Genera of Fishes and A Classification of Fishes (Stanford, CA: Stanford University Press, 1963), xv.
21. "impact of David Starr Jordan has been so pervasive": Theodore W. Pietsch and William D. Anderson, Collection Building in Ichthyology and Herpetology (Lawrence, KS: American Society of Ichthyologists, 1997), 5.
22. "The Death of the Fish": Yoon, Naming Nature, 239.
23. "raving cladists": Ibid., 240. See also p. 7.
24. "numerical taxonomy": Ibid., 202.
25. "shared evolutionary novelties": Ibid., 251.
26. a bat might look like a winged rodent: R. J. Asher, N. Bennett, and T. Lehmann, "The New Framework for Understanding Placental Mammal Evolution," Bioessays 31, no.8(Aug. 2009): 853–64; H. Amrine-Madsen, K. P. Koepfli, R. K. Wayne, and M. S. Springer, "A New Phylogenetic Marker, Apolipoprotein B,

Provides Compelling Evidence for Eutherian Relationships," Molecular Phylogenetics and Evolution 28, no. 2(Aug. 2003): 225–40; Darren Naish, "The Refined, Fine-Tuned Placental Mammal Family Tree," Scientific American, July 14, 2015.

27. more closely related to animals: Patricia O. Wainright, Gregory Hinkle, Mitchell L. Sogin, and Shawn K. Stickel, "Monophyletic Origins of the Metazoa: An Evolutionary Link with Fungi," Science, Apr. 16, 1993, 340–42.
28. "the ritual killing of the fish": Yoon, Naming Nature, 252.
29. "show you exactly why you were wrong": Ibid., 254.
30. "all the animals with red spots on them"..."or all the mammals that are loud": Ibid., 8.
31. "Probably not": Author interview, David Smith, Feb. 28, 2017.
32. "That's broadly accepted": Author interview, Melanie Stiassny, March 9, 2017.
33. "It's counterintuitive!": Author interview, Dec. 12, 2017.
34. the incredible medical case of J.B.R.: Richard Greenwood, Ashok Bhalla, Alan Gordon, and Jeremy Roberts, "Behaviour Disturbances During Recovery from Herpes Simplex Encephalitis," Journal of Neurology, Neurosurgery, and Psychiatry 46 (1983): 809–17.
35. differentiating between cats and dogs: Lisa Oakes, Infant Cognition Lab, University of California, Davis.
36. "I found it particularly painful": Yoon, Naming Nature, 252, 259.
37. When Carol Kaesuk Yoon gave up the fish: Ibid., 286–99.
38. "It's been a constant battle": Author interview, Dec. 12, 2017.
39. When Anna gave up the fish: Author interview, March 20, 2017.
40. When ethologist Jonathan Balcombe gave up the fish: Author interview, March 19, 2019.
41. differentiate between Bach and the blues: Jonathan Balcombe, What a Fish Knows: The Inner Lives of Our Underwater Cousins (New York: Scientific American/Farrar, Straus and Giroux, 2016), 46.
42. "kissing"..."linguistic castration": Frans de Waal, "What I Learned from Tickling Apes," New York Times, Apr. 8, 2016.

尾聲

1. There is another world, but it is in this one": W. B. Yeats as cited in Sherman Alexie, The Absolutely True Diary of a Part-Time Indian (New York: Little, Brown and Company, 2007), epigraph.
2. On Neptune, it rains diamonds: Dominik Kraus, "On Neptune, It's Raining Diamonds," American Scientist, Sept. 2018, 285.
3. the "interstitium": Rachael Rettner, "Meet Your Interstitium, a Newfound 'Organ,'" Live Science, March 27, 2018, https://www.livescience.com/62128-interstitium-organ.html.
4. beat a black man bloody: Ian Shapira, "The Parking Garage Beating Lasted 10 Seconds. DeAndre Harris Still Lives with the Damage," Washington Post, Sep. 16, 2019.
5. "just as a matter of science": Jason Kessler, "Jason Kessler on His 'Unite the Right' Rally Move to DC," Morning Edition, NPR, Aug. 10, 2018.

文字森林系列 037

為什麼魚不存在

關於失去、愛與生命的本質，踏上追尋人生意義的解答之旅

Why Fish Don't Exist: A Story of Loss, Love, and the Hidden Order of Life

作者　露露・米勒（Lulu Miller）
譯者　閻蕙群
封面設計　兒日設計
版型設計　黃雅芬
內文排版　許貴華
主編　陳如翎
出版二部總編輯　林俊安

出版者　采實文化事業股份有限公司
業務發行　張世明・林踏欣・林坤蓉・王貞玉
國際版權　施維真・劉靜茹
印務採購　曾玉霞
會計行政　李韶婉・許俽瑀・張婕莛
法律顧問　第一國際法律事務所　余淑杏律師
電子信箱　acme@acmebook.com.tw
采實官網　www.acmebook.com.tw
采實臉書　www.facebook.com/acmebook01

ISBN　978-626-349-591-3
定價　420 元
初版一刷　2024 年 3 月
劃撥帳號　50148859
劃撥戶名　采實文化事業股份有限公司
104 台北市中山區南京東路二段 95 號 9 樓
電話：(02)2511-9798　傳真：(02)2571-3298

國家圖書館出版品預行編目資料

為什麼魚不存在：關於失去、愛與生命的本質，踏上追尋人生意義的解答之旅 / 露露 . 米勒 (Lulu Miller) 著 ; 閻蕙群譯 . -- 初版 . – 台北市 : 采實文化事業股份有限公司 , 2024.03
320 面 ; 14.8×21 公分 . -- (文字森林系列 ; 37)
譯自 : Why fish don't exist : a story of loss, love, and the hidden order of life
ISBN 978-626-349-591-3(平裝)
1.CST: 喬丹 (Jordan, David Starr, 1851-1931) 2.CST: 魚類 3.CST: 生物分類學 4.CST: 傳記 5.CST: 美國

388.5　113001450